平面漏波天线理论与设计

曹文权　马文宇　石树杰　黄荣港　吕昕梦　著

东南大学出版社
SOUTHEAST UNIVERSITY PRESS
·南京·

内容提要

本书在分析平面漏波天线基础理论和人工电磁结构电磁特性的基础上,进行了新型平面漏波天线的理论分析与应用设计。介绍了宽边线极化、宽边圆极化、窄边线极化、窄边圆极化平面漏波天线,实现了波束频扫特性;分析了具有频扫功能的自双工漏波天线,实现了天线多功能;设计了定波束频扫天线阵列,实现了波束固定特性。本书聚焦平面漏波天线,具有翔实的天线应用实例,值得天线界的学者和工程师们分析借鉴,也可以作为电磁场与微波技术领域大学教师的参考书和研究生的辅助教材。

图书在版编目(CIP)数据

平面漏波天线理论与设计 / 曹文权等著. —南京:东南大学出版社,2023.4
ISBN 978-7-5766-0252-4

Ⅰ. ①平… Ⅱ. ①曹… Ⅲ. ①平面波—隙缝天线—设计 Ⅳ. ①TN823

中国版本图书馆 CIP 数据核字(2022)第 183132 号

责任编辑:姜晓乐 责任校对:杨 光 封面设计:毕 真 责任印制:周荣虎

平面漏波天线理论与设计

Pingmian Loubo Tianxian Lilun yu Sheji

著　者:曹文权　马文宇　石树杰　黄荣港　吕昕梦
出版发行:东南大学出版社
社　　址:南京市四牌楼 2 号　邮编:210096　电话:025 - 83793330
网　　址:http://www.seupress.com
经　　销:全国各地新华书店
印　　刷:江苏凤凰数码印务有限公司
开　　本:787mm×1 092mm　1/16
印　　张:12.5
字　　数:256 千字
版　　次:2023 年 4 月第 1 版
印　　次:2023 年 4 月第 1 次印刷
书　　号:ISBN 978 - 7 - 5766 - 0252 - 4
定　　价:58.00 元

本社图书若有印装质量问题,请直接与营销部联系。电话(传真):025 - 83791830。

前　　言

　　电子扫描天线具有快速扫描、多目标搜索等能力，在现代军、民用系统中应用广泛。传统电子扫描天线以大型相控阵天线为主，体积庞大，价格昂贵。漏波天线作为电子扫描天线的特殊一类，继承了行波天线的宽带特性，具有主瓣波束随频率扫描的特性。相比传统机械扫描，漏波天线频率扫描的反应时间短、数据传输率高、抗干扰能力强；相比传统相控阵天线，漏波频率扫描天线无需复杂的移相馈电网络，结构简单，造价较低。近年来，新型人工电磁结构凭借其特异电磁属性成为电磁领域的研究热点，也为进一步提升平面漏波天线的电磁性能提供了新选择。新型平面漏波天线在保证低剖面、易集成、低成本的同时，发挥新型电磁结构控制电磁波的独特优势，可以改善天线的结构尺寸、性能指标和功能特性。

　　本书以新型平面漏波天线作为研究对象，结合人工电磁结构的电磁属性与印刷天线的简单工艺实现了多种天线模型，重点探讨多功能、高性能平面漏波天线的理论研究和设计应用。分别研究并设计了平面宽边线极化漏波天线、平面宽边圆极化漏波天线、平面窄边漏波天线、平面自双工漏波天线以及平面定波束漏波天线。本书共分为七章。各章的内容如下：

　　第 1 章为绪论部分，介绍了平面漏波天线的基本概念和结构类型，总结了平面漏波天线的研究现状，分析了平面漏波天线的聚焦方向，列出了本书的具体内容和结构安排。

　　第 2 章分析了漏波天线的工作机理和重要参数，为设计基于人工电磁结构的新型漏波天线提供理论指导。介绍了平面漏波天线的工艺结构发展阶段，以及由此带来的漏波天线技术的进步。详细分析了 CRLH TL、SSPP、PRS 等新型人工电磁结构涉及的电磁理论，为设计新型天线奠定理论基础。

　　第 3 章对平面宽边线极化漏波天线进行了理论分析和模型设计。针对宽边线极化漏波天线在波束扫描范围、增益效率以及增益平坦度等方面的不足，结合 CRLH TL、PRS、SSPP 等电磁结构，进行了多款平面漏波天线的模型设计和实验验证。

　　第 4 章研究了平面宽边圆极化漏波天线。为提升宽边漏波天线在圆极化辐射、波束扫描范围以及增益效率等方面的电磁性能，结合 PRS、SIW、SSPP、PRGW 等电磁结构，进行了多款平面宽边圆极化漏波天线设计。

　　第 5 章探讨了平面窄边漏波天线。为提升平面窄边周期性漏波天线在圆极化辐射、波束扫描范围以及增益效率等方面的电磁性能，结合微带天线技术，采用 ISR、SSPP 等新型人工电磁结构,进行了多款平面窄边漏波天线设计。

第6章研究了平面自双工漏波天线。提出了具有频扫功能的 SIW 背腔自双工天线模型,兼具自双工天线和漏波天线的特性,完成了新型天线的应用设计。

第7章对基于 AFSIW 的平面定波束漏波天线进行了深入研究,进行了天线理论分析和模型设计。进一步设计了折叠半模 AFSIW 定波束漏波天线,显著缩减了横向尺寸。

本书的内容聚焦在平面漏波天线的理论与设计,大大拓展了平面天线的样式和类型,也极大地丰富了新型人工电磁结构在天线中的应用实例。马文宇博士、石树杰博士、黄荣港硕士和吕昕梦硕士等在相关的课题研究中进行了深入细致的科研工作。此外,洪仁堂博士和王培隆硕士也围绕该方向进行了有意义的探索,取得了不少成果,限于篇幅和时间,没有在本书中进行详细介绍。

感谢科技委基础加强计划技术领域基金和陆军工程大学前沿创新基金对本书的相关研究工作予以资助。在编写的过程中得到了陆军工程大学张邦宁教授、钱祖平教授等各位专家的鼓励和支持。

本书参阅并引入了大量国内外资料和经典著作内容,已列入各章节后的参考文献,在此谨向这些文献的作者们表示感谢!

由于时间仓促,加上水平和经验有限,虽然作者竭尽全力来写好此书,但难免还是会有不妥之处,敬请专家和读者批评指正。

作者

2022 年 12 月 18 日

目　　录

第 1 章 绪 论

近日,中国工程院发布"中国电子信息工程科技发展十三大挑战(2022)",指出"高性能""低功耗""多功能"是电子领域面临的重要挑战,而"新器件""新结构""新材料"则是应对挑战的重要技术途径。天线作为无线电系统必备的终端组成部分,也不例外,而且已然成为影响系统总体性能的关键一环。以波束扫描天线为例,作为 20 世纪中叶开始实用化的技术在近年来得到了进一步的发展。特别是平面漏波天线(Leaky-Wave Antenna,LWA),因其结构简单和波束灵活等特性,被广泛应用于预警雷达、车载雷达、轨道通信等场景。随着无线电技术的发展和人们对电子产品的热衷,各种系统对平面漏波天线的研制成本、结构尺寸和功能特性提出了苛刻的要求,给天线界的学者和工程师们带来了机遇和挑战。

1.1 平面漏波天线概述

天线的种类很多,按是否实现波束扫描,可以分为波束固定天线和波束扫描天线。根据扫描方式的不同,波束扫描天线又可以分为机械扫描天线和电扫描天线。传统机械扫描天线在当今的高科技信息系统中遇到了不少问题。例如,系统体积庞大,机械转动使得扫描速度很慢、无法跟踪多批目标和同时完成多个不同任务,难以适用于复杂的应用环境。计算机技术、半导体技术和微波单片集成电路的飞速发展使得天线从传统的机械扫描向电扫描转变。电扫描天线具有快速扫描、多目标搜索等能力,在现代军用和民用系统中具有广阔的应用前景。然而,传统电扫描天线一般是依靠大型相控阵列天线,要求有大量的辐射单元和昂贵的移相器,设计难度大。一个典型的相控阵拥有几千个单元和大量的移相器、驱动器,体积庞大,价格昂贵。电扫描天线的核心组件——移相器种类多。在雷达系统中应用较为普遍的是铁氧体移相器,其存在调谐电路价格昂贵、体积大、对温度变化敏感等缺点。另一种利用 PIN 二极管研制的传输式移相器应用也较为广泛,但是其在高频段有显著的损耗,功率容量小。尽管新型的铁电体移相器逐渐被人们所熟悉,但由于出现时间较晚,其应用并不如以上两者这样广泛。

漏波天线,是属于电扫描天线的特殊一类。当电磁波沿行波结构传播时,若沿此结构不断地产生辐射,则所辐射的波称为漏波。这种产生漏波的结构称为漏波天线。漏波天线是一种行波天线,继承了行波天线宽带的特点,并且具有主瓣波束随频率扫描的特性。相比机械扫描,频率扫描的反应时间短、数据率高、扫描更加灵活、抗干扰能力强,并且实现结构更加轻便简单、可靠性高;相比传统电扫描——相位扫描,频率扫描天线不需要复杂的馈电网络和移相结构,因此其造价较低,并且相对容易实现较大的扫描角度范围。

根据漏波天线的扫描维度,漏波天线可分为一维漏波天线和二维漏波天线。一维漏波天线指的是导波结构是一维的,即这个导波结构只支持一个固定方向的行波。而二维漏波天线支持从圆心径向往外传播的行波,既有俯仰面扫描,也有方位角扫描。

根据漏波天线的工作原理,漏波天线通常可分为均匀漏波天线和周期性漏波天线。均匀漏波天线,是指漏波天线在电磁波传播的方向上,天线结构完全均匀。受结构限制,均匀漏波天线一般只能前向扫描。周期性漏波天线通常是通过在导波结构中引入周期性的缝隙或其他结构来实现。一般来说,周期性漏波天线本身传播的是慢波,但其结构会引入无穷多个谐波,其中-1阶谐波往往是快波,周期性漏波天线正是依靠这个快波进行辐射的,从理论上来说,周期性漏波天线可以实现向前和向后的辐射。宽扫描范围优势是周期性漏波天线得到广泛研究的原因,然而具体实现时,与工艺技术和结构特性关系密切。

根据漏波天线的结构工艺,漏波天线大致经历了四个发展阶段,其典型结构如图 1-1 所示。

(1)金属波导型漏波天线。早期的漏波天线一般基于封闭式波导结构设计,如在矩形波导、圆波导、脊波导等基本结构上进行设计。金属波导型漏波天线的优点是机械强度高、损耗低,在微波频段高端以及毫米波频段得到广泛应用;缺点是体积大、相对笨重、加工要求高、成本高,很难与平面电路集成,因此难以应用于正在向小型化、平面化、集成化方向快速发展的各类电子和通信系统。

(2)平面导波结构漏波天线。为了适应平面集成化的需求,出现了一类基于平面导波结构(微带线、共面波导、槽线等)的漏波天线,相比于金属波导型漏波天线的立体结构,平面导波结构漏波天线的优点是具有低轮廓、质量轻、易与馈电网络匹配、易与平面电路集成、加工成本低、性能优越;缺点是由于其自身的开放性,存在表面波模式或寄生模式等问题,在高频段损耗较大、效率低、不容易控制,因而不适应现代通信系统向高频段发展的趋势。

(3)集成波导结构漏波天线。为了满足通信系统的高频段、小型化、平面集成化要求,基片集成波导(Substrate Integrated Waveguide,SIW)技术应运而生。SIW 结合了传统金属波导和微带线等平面传输结构的优点,利用低成本的工艺在介质基片上实现类似于金属波导的结构,可以将电磁波封闭在波导内部实现低损耗传输。SIW 漏波天线的优点是低损耗、低成本、易加工、易与其他平面电路集成、适应高频工作的需求,可以有效抑制开放平面漏波天线的额外损耗。

(4)复合结构漏波天线。均匀漏波天线只能将能量辐射到前向四分之一区域,通过引入周期性结构扰动形成的周期性漏波天线可以产生后向空间谐波辐射,但却很难实现侧边的辐射。这些不足在一定程度上限制了漏波天线的发展。新型人工电磁结构的应用给新型漏波天线的研究带来了希望。例如,利用复合左右手传输线(Composite Right/Left-Handed Transmission Line, CRLH TL)结构制成的漏波天线,可以扩大漏波天线的扫描角度范围,实现侧边辐射,从而拓展漏波天线的应用范围。同时,新型结构的应用也为漏波天线的小型化提供了新的可能,为漏波天线技术带来了新的发展空间。

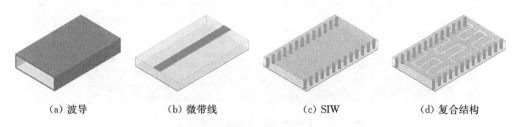

| (a) 波导 | (b) 微带线 | (c) SIW | (d) 复合结构 |

图 1-1 漏波天线采用的四种典型结构示意图

本书围绕"高性能、多功能"复合结构漏波天线展开深入研究,具体内容将在后面章节详细介绍。

1.2 平面漏波天线的研究现状

传统的平面漏波天线受自身结构等因素的限制,存在的缺点主要有扫描范围小、增益低、功能单一。随着无线电系统的发展,漏波天线技术越来越朝着小型化、多功能、灵活性、高性能方向发展。新型复合结构凭借其特有的后向波移相、折射率任意可控等电磁特性,给平面漏波天线发展带来新的契机。面向"高性能、多功能"应用需求,可以将当前的新型平面漏波天线的研究现状分为以下几个方面:漏波天线的宽波束扫描范围研究、漏波天线的定波束研究、漏波天线的高增益研究、漏波天线的多频多模多极化研究。

1.2.1 漏波天线的宽波束扫描范围研究

均匀漏波天线只能实现前向波束扫描,扫描范围有限,如何展宽其波束扫描的范围一直是漏波天线的重要研究方向。周期性漏波天线依靠在导波结构中引入的周期性结构,会引入无穷多个谐波,通过调控周期结构参数,可以激励起快波谐波,从而同时实现向前和向后的辐射特性。

中山大学 J. H. Liu 和 D. R. Jackson 等人提出了在 SIW 表面以横向缝隙作为辐射结构的漏波天线设计,如图 1-2 所示。该结构充分利用了表面波模式,当波束方向接近前向端射时,天线工作在表面波模式;当波束方向远离前向端射时,天线工作在漏波模式。实现了从边射(不含边射)到前向端射(由于实际长度有限,因此达不到前向端射)接近 90°

的宽扫描范围。

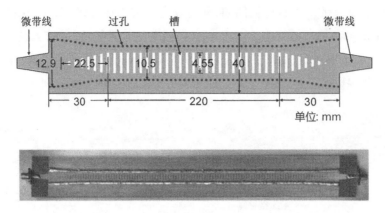

图 1-2　周期性横向缝隙 SIW 漏波天线

印度坎普尔理工学院的 C. S. Prasad 和 A. Biswas 提出了基于介质镜像线（Dielectric Image Line，DIL）的漏波天线设计，如图 1-3(a)所示，以 DIL 作为传输结构，在介质上挖周期性的圆孔构成介质谐振腔作为辐射单元。因为采用 DIL 作为传输结构，所以该结构几乎整个−1 阶空间谐波模式都工作在快波区，故能获得宽波束扫描范围。天线工作在 Ku 波段，样品实测在 11.8~17 GHz，实现了−65°~+25°的波束扫描范围。作者还将天线尺寸缩小 1/4 后进行仿真，在 V 波段实现了 51~65.5 GHz 的宽波束范围扫描（−41°~+25°）。之后，作者采用"工"字形辐射贴片代替圆孔状的介质谐振腔，如图 1-3(b)所示，进一步展宽了扫描角度范围（−60°~+38°）。

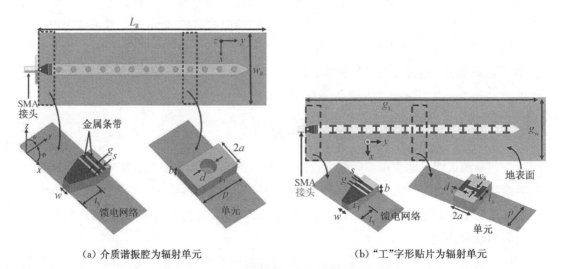

（a）介质谐振腔为辐射单元　　　　　　　　　（b）"工"字形贴片为辐射单元

图 1-3　基于介质镜像线（DIL）的漏波天线

加拿大多伦多大学的 G. V. Eleftheriades 教授课题组提出了在 SIW 缝隙漏波天线上加载开口谐振环（Split-Ring Resonator，SRR）超表面的设计，如图 1-4 所示。当漏波天线的波束通过 SRR 超表面时,激励起 SRR 结构产生谐振,对水平方向的辐射分量产生补偿,进而展宽波束扫描角度范围。实测验证该 SRR 超表面将原漏波天线波束扫描范围从 71°(−39°~ ＋32°)提高到 134°(−64°~ ＋70°),展宽效果明显。

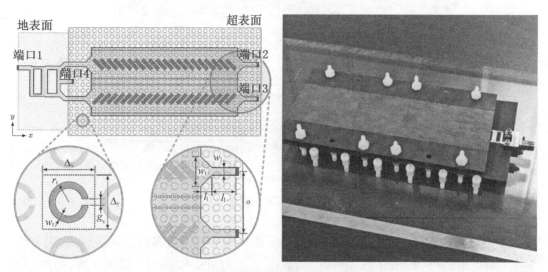

图 1-4 加载 SRR 超表面的 SIW 漏波天线

随着超材料的不断发展,C. Caloz 等学者提出了 CRLH TL 理论。传统周期性的漏波天线在边射时会存在阻带,边射方向图会严重恶化并影响辐射性能。将复合左右手传输结构应用于漏波天线中,可以消除或减小这个阻带的影响,有效改善辐射性能。2002年,美国加州大学洛杉矶分校的 C. Caloz 和 T. Itoh 教授团队,首次提出了基于复合左右手结构的新型漏波天线,如图 1-5 所示,具有后向到前向(包括边射)波束随频率连续扫描的能力,但其扫描角度范围较窄。在此之后,很多学者都参考了这一研究成果,基于 CRLH 结构的漏波天线得到了很大的发展。

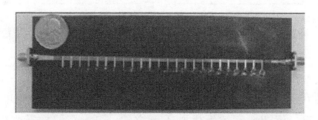

图 1-5 最早的复合左右手(CRLH)结构漏波天线

美国加州大学洛杉矶分校 T. Itoh 教授课题组的董元旦博士,将交趾缝隙应用于 SIW 漏波天线的设计中,如图 1-6 所示,交趾缝隙在提供辐射的同时还能引入交趾电容,与 SIW 的短路针构成 CRLH TL 结构,实现了 −70°~ ＋60° 的宽波束扫描范围。在此基础上,作者进行了深入研究,做了双波束扫描、半模 SIW 等一系列工作。

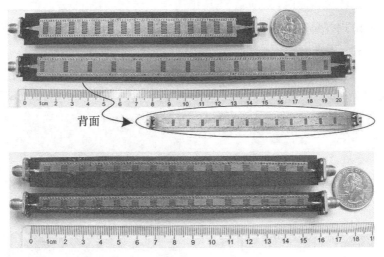

图 1-6　交趾缝隙 SIW 漏波天线

伊朗马什哈德菲尔多西大学的 M. H. Neshati 教授课题组提出了一款半模基片集成波导(Half Mode Substrate Integrated Waveguide,HMSIW)圆极化漏波天线,如图 1-7 所示。设计采用周期性的锯齿状缝隙引入交趾电容,HMSIW 侧壁的金属化过孔提供串联电感,从而构成 CRLH 结构。调整锯齿状缝隙的结构参数,该设计在实现 $-70°\sim+70°$ 的宽扫描角度范围的同时,还具有圆极化特性。

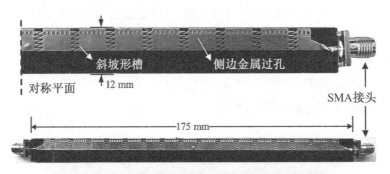

图 1-7　后向到前向圆极化波束扫描 HMSIW 漏波天线

悉尼科技大学的郭英杰教授团队提出了在周期性的矩形贴片中间引入短路探针的设计,如图 1-8 所示。周期性间隙提供左手电容 C_L,引入短路探针提供左手电感 L_L,实

图 1-8　单层多过孔加载宽扫描角度漏波天线

现 CRLH 结构,通过调整引入短路探针的位置、数量和尺寸,可以有效地控制引入左手电感的大小,使整体结构达到平衡态(Balanced Condition),获得了 $-60°\sim+66°$ 的宽波束扫描范围。

之后,郭英杰教授团队又提出了在 SIW 结构表面挖"奔驰环"形缝隙的设计,如图 1-9 所示,在单层结构上实现了后向到前向连续扫描、宽扫描角度、圆极化、增益平坦等优异的性能。天线在 $9.45\sim11.75\ GHz$ 频段内实现了 $-42.8°\sim+54.3°$ 的圆极化波束扫描,增益在 $8\sim11.3\ dBic$ 范围内变化。

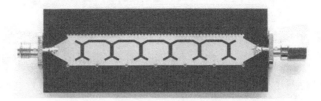

图 1-9 "奔驰环"形缝隙 SIW 漏波天线

台湾交通大学的 Yu-Jen Chi 和 Fu-Chiarng Chen 提出了基于非对称带线结构的窄边辐射漏波天线,如图 1-10 所示。通过加载短路探针和集成电容的方式来构造左手电感和左手电容,实现了 CRLH 传输线,获得了宽扫描角度范围的特性。在此基础上,将结构做扇形的改进,从而实现窄边方向上超过 $180°$ 的波束扫描范围。

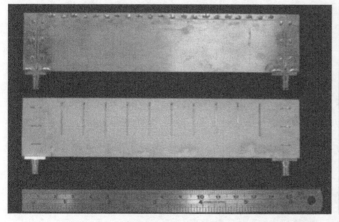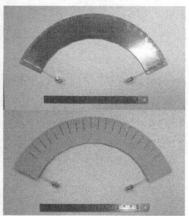

图 1-10 基于非对称带线结构的窄边辐射漏波天线

作为近年来超材料十分热门的另一个分支——伪表面等离子体激元(Spoof Surface Plasmon Polariton, SSPP),由于其高束缚、低损耗、传输慢波且相位常数易调控等特点,常被用来作为高性能传输结构应用于天线的设计当中。因为 SSPP 传输的是慢波,波数 k 大于自由空间中的电磁波波数 k_0,所以将其应用于漏波天线的设计中能够获得较宽的波束扫描范围。

SSPP 结构本身并不能产生辐射,而只传输表面波,需要在其基础上加载辐射单元,或对其结构进行改进才能产生辐射。东南大学崔铁军教授课题组提出了在 SSPP 上加载圆形贴片的设计,如图 1-11 所示,获得了 55°角度范围的圆极化波束扫描。

图 1-11　SSPP 圆极化漏波天线

西北工业大学的李健英教授课题组提出了在 SSPP 周期性条带单侧末端加载短路探针的漏波天线设计,如图 1-12 所示。通过在条带一侧的末端加载短路探针,使得原本两侧相位相反的表面电流变成同相叠加,进而产生辐射,实现了 $-30°\sim+50°$ 的扫描范围。

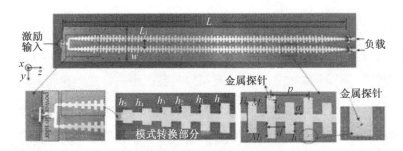

图 1-12　宽扫描角度 SSPP 漏波天线

国防科技大学的关东方博士等人提出了在 SIW 两侧表面蚀刻周期性缝隙构造 SSPP 的漏波天线设计,如图 1-13 所示。设计将一侧的周期性缝隙进行正弦调谐设计,使其能产生辐射,利用 SSPP 模式是慢波,波数变化大的特点,实现了窄频带内的宽波束范围扫描,在 9% 的带宽内扫描范围达到 123°($-60°\sim+63°$),扫描范围和带宽比达到 13.67。

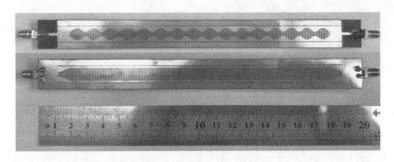

图 1-13　窄带宽扫描角度 SIW-SSPP 漏波天线

1.2.2 漏波天线的定波束研究

为实现结构简单、低成本、馈电网络与辐射单元易集成、易安装和易实现多功能等特性,平面漏波天线通常采用微带工艺实现。微带天线也有显著的缺点,如谐振型微带天线品质因数很高而导致其频带较窄,在一定程度上限制了其应用。与普通微带谐振天线不同,漏波天线由于其行波的辐射机制,具有很宽的工作带宽。但由于其固有的频率扫描特性,在实际点对点的宽带无线通信中会遇到很大障碍。为此,利用漏波天线的宽带特性实现定波束成为研究热点。

2005 年意大利锡耶纳大学的 A. Neto 等人提出了加载圆锥形厚介质透镜的方法来矫正漏波缝隙天线的辐射方向,如图 1-14 所示。通过采用合适的介质,将漏波缝隙天线置于椭圆形截面的一个焦点处,使得漏波天线的辐射方向都指向+z 方向。

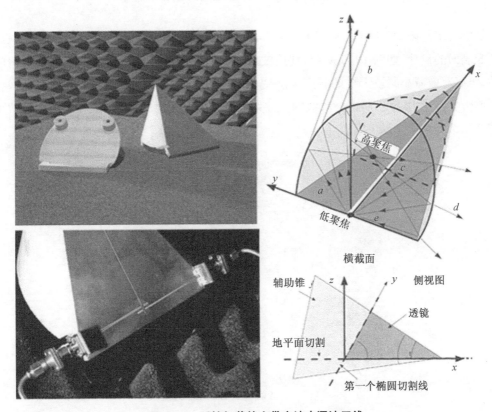

图 1-14 透镜加载的宽带定波束漏波天线

加拿大英属哥伦比亚大学的 L. Markley 等人提出了加载介电常数渐变的介质板来给漏波天线的辐射做相位补偿,从而达到定波束的目的,如图 1-15 所示。该方案在 5∶1 的宽频带范围内,主波束方向变化仅在 5°以内。受限于工艺等方面的原因,该方案还只停留在仿真实验阶段。

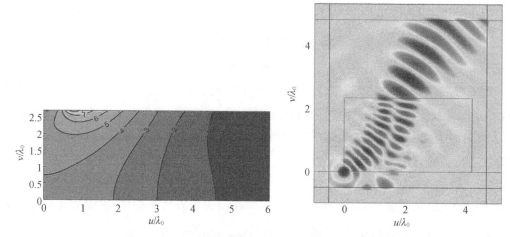

图 1-15　介质渐变相位补偿定波束漏波天线示意图

加拿大多伦多大学的 G. V. Eleftheriades 教授课题组提出在漏波天线口径上加载惠更斯超表面的设计,如图 1-16 所示,利用波束通过惠更斯超表面时出射角小于入射角的特性,可以有效减小漏波天线的波束角度变化率。实验验证,通过引入惠更斯超表面,在10%的带宽范围内,能够将漏波天线的主波束方向变化范围从原本的 24°减小到 12°,波束角度变化率降为原来的一半。

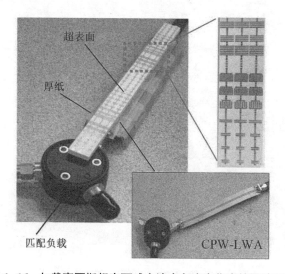

图 1-16　加载惠更斯超表面减小波束角度变化率的漏波天线

德国汉堡大学的王磊博士,在 SIW 漏波天线设计中巧妙地引入光学中棱镜的概念,将漏波天线不同频率、不同角度的辐射,通过棱镜修正到同一角度,如图 1-17 所示。设计在SIW 漏波天线的口径上加载同样以 SIW 技术构造的棱镜结构,实现了 35～40 GHz 频率范围内,主波束方向变化在 1°以内。整体平面结构的设计对比体积较大的介质透镜设计,在共形、集成等方面有更大的优势。但由于 SIW 中介质的存在，天线的辐射效率和增益较低，分别只有 24％和 8.5 dBi。之后，王磊博士又将这一设计引入槽间隙波导漏波天线当中，采用人工磁导体结构构造棱镜，如图 1-18 所示。在 11.4～13.4 GHz 频率范围内，主波束方向变化在 1°以内，并且天线的辐射效率和增益得到显著提高，分别达到 95％和 16.1 dBi。

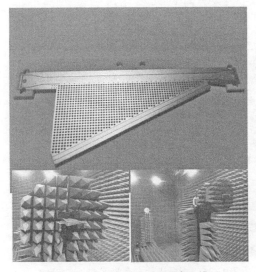

图 1-17　低色散 SIW 漏波天线

图 1-18　低色散槽间隙波导漏波天线

东南大学的崔铁军教授课题组结合了之前 G. V. Eleftheriades 教授课题组和王磊博士的工作，在加载棱镜结构的槽间隙波导漏波天线的基础上进一步加载惠更斯超表面，如图 1-19 所示。在与文献[21]中的设计辐射性能相当的情况下，棱镜体积减小了 75％，并且通过调整惠更斯超表面的相位梯度，可以有效地控制波束的辐射方向。文献[22]中采用该方法实现了 18％带宽的边射方向图，解决了普通漏波天线在边射时存在阻带的问题。

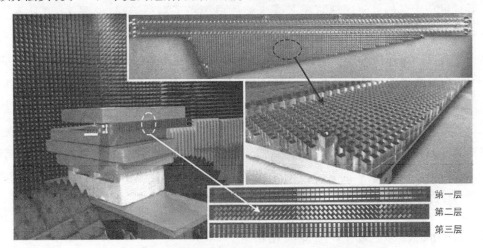

第一层
第二层
第三层

图 1-19　加载惠更斯超表面可定制倾角的漏波天线

清华大学的张志军教授课题组采用体硅微加工工艺,在硅晶片上蚀刻所需结构并在表面镀金构造空气背腔的长缝均匀漏波天线,如图 1-20 所示。利用空气填充波导相位常数变化小的特点,实现了定波束的特性,天线在 55～67 GHz 的工作频段内,主波束方向在 48°～53°范围内变化。同时,该课题组还提出了类似的折叠半模波导漏波天线结构,如图 1-21 所示,天线在 56～64 GHz 的工作频段内,主波束方向从 41°变化到 49°。

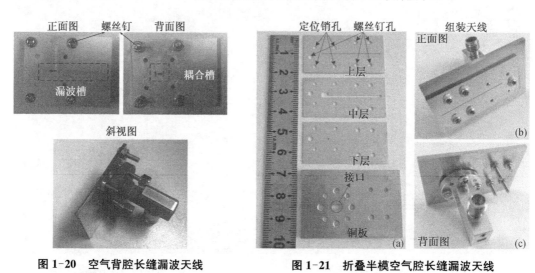

图 1-20 空气背腔长缝漏波天线　　　　图 1-21　折叠半模空气腔长缝漏波天线

1.2.3　漏波天线的高增益研究

漏波天线具有天然的类行波特性,符合能量边传输边辐射的要求,而在天线末端未辐射的能量将被负载电阻吸收,这就导致漏波天线的增益效率有限,这是此类天线的劣势之一。因此漏波天线的高增益研究是重要的研究方向。

香港城市大学的科研团队提出了毫米波磁电偶极子漏波天线,如图 1-22 所示。将 SIW 作为传输结构,磁电偶极子作为辐射单元,利用磁电偶极子天线波瓣宽、频带宽、频带内增益和方向图稳定的特性,以此来改善漏波天线的增益。该漏波天线长度约 8 个波长(28 GHz),最大增益达到 16.55 dBi,27～32 GHz 频带范围内,增益平坦度均小于 3 dB。

印度坎普尔理工学院的 A. Sarkar 等人提出了基于八分之一模 SIW 的紧凑高增益漏波天线,如图 1-23 所示。设计将八分之一模 SIW 结构作为单元,并成一定角度倾斜放置,构造双向非对称结构,利用双向非对称结构辐射强度高的特点来提高增益,在单元内引入交趾电容,进一步通过增加辐射强度来提高增益和辐射效率。结构长度为 5 个波长(11.5 GHz),实现最大增益 17.96 dBi,最大辐射效率 96%。

1.2.4　漏波天线的多频多模多极化研究

在民用领域,当前无线终端可容纳天线的空间越来越小,以智能手机为例,至少需 5～

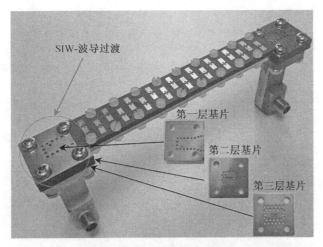

图 1-22　磁电偶极子漏波天线

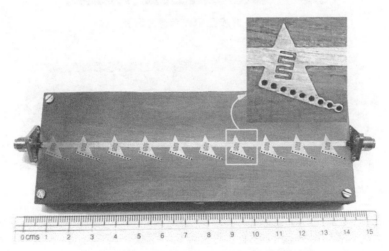

图 1-23　紧凑高增益八分之一模 SIW 漏波天线

6 副天线。在军用领域,星载、机载、弹载和背负式无线装备上,笨重的射频终端制约着战斗力。可见,不同应用场合对天线提出了更高的要求,例如需满足不同的工作频段、不同的工作模式、不同的极化特性等要求。不同于谐振天线,漏波天线的尺寸往往较大,达到数个波长,如何在同一天线结构内集成多频多模多极化一直是研究者们探索的一个方向。

东南大学的洪伟教授课题组设计了一款用于单脉冲跟踪系统的 Ka 波段紧凑型 SIW 缝隙阵列天线,结构如图 1-24 所示,通过控制端口的馈电,可以实现不同的和、差波束方向图。

程钰间和洪伟教授等利用 HMSIW 提出了一款能够动态改变极化状态,从而提供四种工作模式的毫米波漏波天线,如图 1-25 所示,通过对不同端口进行馈电,能够任意地切换其极化状态,以满足不同场合的需求。

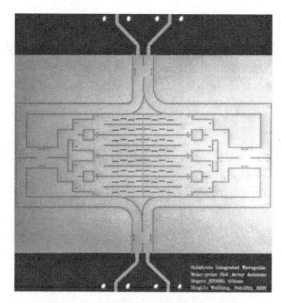

图 1-24　紧凑型 SIW 单脉冲漏波天线

图 1-25　交趾缝隙 SIW 漏波天线的多极化应用

美国加州大学洛杉矶分校的董元旦博士,以±45°极化的两个 SIW 漏波天线作为辐射结构,设计了一款混频器和一款耦合器分别用于这两个漏波天线进行馈电,如图 1-26 所示,实现了 x/y 方向线极化、左/右手圆极化四种极化的波束扫描。

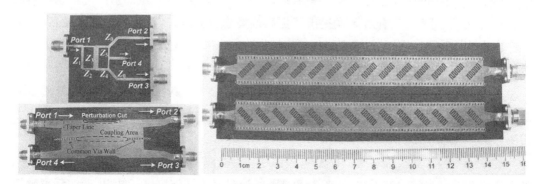

图 1-26　四极化波束扫描漏波天线

印度坎普尔理工学院的科研团队在此基础上进一步进行研究,提出了四个±45°极化 SIW 漏波天线的组合结构,如图 1-27 所示。通过不同的馈电,可以实现四个波束在四个象限内同时进行线极化或圆极化波束扫描。

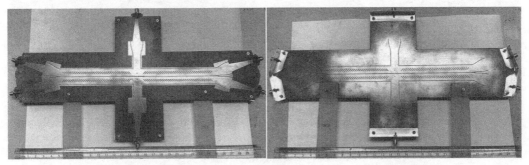

(a)顶(正)视图　　　　　　　　　　　　　(b)底(背)视图

图 1-27　四波束全象限扫描 SIW 漏波天线

西北工业大学提出了一种双层结构,如图 1-28 所示,两个 SIW 漏波天线背靠背共用地板和馈电,由于辐射缝隙尺寸的不同,天线在两个频段分别在第一、四象限能实现波束扫描性能。类似的,香港城市大学提出了一种双频双极化漏波天线设计,如图 1-29 所示。在 SIW 的两面分别以周期性圆孔和周期性缝隙作为辐射单元,在 9~10.7 GHz 和 13.4~16.2 GHz 频率范围分别实现了圆极化和线极化的波束扫描。这类"背靠背"结构给双(多)频、双(多)极化的漏波天线的设计提供了一种简单有效的思路。

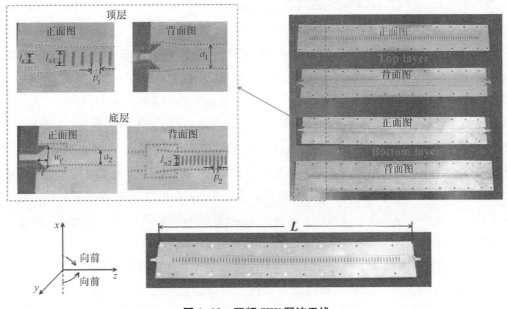

图 1-28　双频 SIW 漏波天线

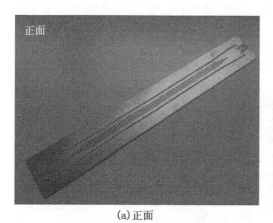

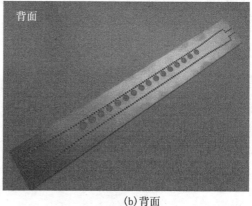

(a)正面   (b)背面

图 1-29   双频双极化 SIW 漏波天线

西安电子科技大学提出了一款具有低交叉极化特性的双极化漏波天线,如图 1-30 所示。该设计通过共模/差模激励设计不同的主耦合机制,分离圆形贴片阵列和对称 SSPP 线之间的磁耦合和电耦合,使磁耦合贴片阵列辐射水平极化波,电耦合贴片阵列辐射垂直极化波。

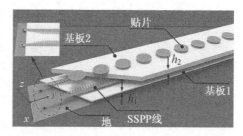

图 1-30   低交叉极化双极化漏波天线

1.3   平面漏波天线的研究分析

当前,平面漏波天线得到了国内外学者们的广泛关注,结合新型人工电磁结构及特殊电磁属性的新型天线层出不穷,展现出了性能独特和功能多样的优点。在实际应用中,还有不少问题值得思考,主要体现在结构尺寸、性能指标和功能特性三个方面。

(1) 结构尺寸方面:传统金属波导型漏波天线为三维结构,虽然剖面高、尺寸大、不易集成,但是此类天线既可以宽边辐射,也可以窄边辐射。平面导波结构漏波天线和集成波导结构漏波天线具有剖面低、尺寸小、易集成的优点,但是主要应用于宽边漏波辐射场合。当应用于窄边漏波辐射场合时,由于窄边口径小,因此天线的匹配带宽往往偏窄,且增益效率偏低。复合结构漏波天线引入了新型人工电磁结构,因而具有更高的设计自由度,也给实现宽边和窄边漏波辐射带来了新的选择。

(2) 性能指标方面:目前的平面漏波天线研究主要聚焦在性能的提升。为了拓展天线的应用范围,增大天线波束扫描范围和提高天线增益效率是主要的目标。达成目标的关键手段是相位调控。一方面,引入弯折线结构、CRLH TL 结构、SSPP 慢波结构等具备高移相特性的新型结构,可以增大馈电移相范围,进而实现更宽的波束扫描范围。另一方面,加载调整相位的结构覆盖层,形成 FP 谐振腔,可以使得口径场分布更加均匀,进而提高天线的增益效率。此外,在周期性漏波天线的扫描过程中,当经过边射角度时波束会恶化,这是因为周期结构存在"开放式阻带"(Open Stopband)问题,这将导致出现增益零点,使得增益平坦度很差,这是设计周期性漏波天线的一个难点。如何消除或减小开放式阻带的影响,在漏波天线的设计中是一个非常重要的课题。

(3) 功能特性方面:为了拓宽漏波天线的应用场合,功能多样化是目标。功能多样化主要体现为多频段、多模式、多极化、自双工等特性。单个频段的频扫天线已经不能满足多制式系统的应用需求,单一线极化也无法满足复杂的应用场景。因此,单一平面漏波天线具备多个频段、多种极化,特别是实现性能良好的圆极化显得非常重要。此外,为了实现天线的多功能,将不同工作模式(传统边射模式和波束扫描模式)同时集成于一副天线,将大大降低天线成本,降低系统复杂度,实现射频一体化。

1.4　本书主要内容与章节安排

新型人工电磁结构的实现一般可以用普通的周期性和非周期性金属结构、介质结构或微带结构等效完成。因此,新型平面复合结构漏波天线在保证平面集成导波结构低剖面、易集成、低成本等优点的同时,还发挥复合电磁结构在电磁波控制方面的独特优势,可以弥补传统漏波天线在匹配带宽、增益效率和波束灵活性方面的缺陷。

本书以新型平面漏波天线作为研究对象,结合人工电磁结构的电磁属性与印刷天线的简单工艺研制了具有特殊性能的平面漏波天线,重点探讨多功能、高性能平面漏波天线的理论研究和设计应用。首先,理论分析新型平面漏波天线的工作机理,以及人工电磁结构的相位调控机制,得到新型平面漏波天线阻抗匹配、远场辐射、增益效率等电磁特性与新型人工电磁结构单元参数的相互关系。其次,在此基础上设计出具有良好低剖面特性、较宽工作带宽、较宽波束扫描范围、较高增益、不同极化和多种功能的平面漏波天线。最后,研制新型人工电磁结构高性能平面漏波天线样品,以验证理论分析。本书的天线模型仿真均采用基于有限元法的 HFSS 软件。具体工作如下:

(1) 理论分析了漏波天线的工作机理和重要参数,为后文设计基于人工电磁结构的新型漏波天线提供理论指导。介绍了平面漏波天线的工艺结构发展阶段,以及由此带来的漏波天线技术的进步。在此基础上,详细分析了 CRLH TL、SSPP、部分反射表面(PRS)等新型人工电磁结构涉及的电磁理论,为设计新型天线奠定理论基础。

(2) 针对宽边线极化漏波天线在波束扫描范围、增益效率以及增益平坦度等方面的不足,结合新型人工电磁结构,进行了多款平面漏波天线的模型设计和实验验证。首先,采用具有非线性移相特性的 CRLH TL 结构来增强漏波天线的扫描范围。与传统的 SIW 漏波天线相比,在不增加天线尺寸的前提下天线波束扫描能力提高了两倍且增益平坦性很好。其次,基于 FP 腔天线原理,设计 PRS 结构相位调整栅格层,提高漏波天线增益。通过采用弯折结构使天线的波束扫描范围得到了增强。再次,通过引入周期调制 SSPP 结构提升漏波天线的波束扫描范围,实现了由后向经法向到前向的连续波束扫描,而不产生较明显的阻带抑制。最后,通过改善漏波天线单元结构提升了阵列天线的增益和带宽特性。

(3) 为提升宽边周期性漏波天线在圆极化辐射、波束扫描范围和增益效率等方面的电磁性能,结合新型人工电磁结构,进行了多款平面宽边圆极化漏波天线设计。首先,基于法布里-珀罗谐振腔天线的工作原理,结合 PRS 结构,实现了两款相位校正光栅加载的增益增强型圆极化漏波天线。其次,基于 TE_{220} SIW 谐振腔,采用微带 SSPP 传输线结构作为馈线,设计了一款四元高增益宽波束扫描天线。通过线极化-圆极化转换器实现了圆极化辐射。最后,设计了印制脊间隙波导(Printed Ridge Gap Waveguide, PRGW)宽边漏波天线,辐射结构采用以单边的周期性缝隙沿水平轴做对称后再位移的简单设计,实现了后向-边射-前向的连续波束扫描。通过采用倾角 ±45° 的缝隙,实现了圆极化辐射。

(4) 为提升平面窄边周期性漏波天线在圆极化辐射、波束扫描范围以及增益效率等方面的电磁性能,结合微带天线技术,采用新型人工电磁结构,进行了多款平面窄边漏波天线设计。首先,通过在端射方向加载 ISR 阵列来增强端射圆极化天线的增益和轴比带宽,采用 SSPP 结构对级联阵列馈电,实现窄边频扫。其次,用扇形偶极子和弧形渐变对称地来实现磁电偶极子结构,加载金属探针以提高阻抗带宽,同时保持轴比带宽。对比了微带传输线、弯折传输线和 SSPP 传输线馈电的差异,选取 SSPP 传输线馈电的天线实现了最宽的波束扫描范围。最后,采用 Vivaldi 形状贴片天线作阵元,分别采用 CRLH TL 和 SSPP 结构进行馈电,实现了两款窄边圆极化漏波天线,结果表明 SSPP 结构扫描范围更宽。

(5) 提出了具有频扫功能的 SIW 背腔自双工天线设计,兼具自双工天线和漏波天线的特性。首先,提出了一款结构简单的 SIW 背腔缝隙自双工天线,采用紧凑型 16 路 SIW 功分器和微带线对天线单元上下部分分别进行并馈电和串馈电,同时实现了高增益边射方向图和后向到前向的连续频扫。其次,对 SIW 背腔缝隙自双工天线单元结构进行改进,对单元的上下部分均采用微带线串馈,实现了双频波束扫描的自双工天线阵列。

(6) 探索了空气基片集成波导(Air-filled SIW,AFSIW)在定波束漏波天线设计中的应用。首先,以 AFSIW 为传输结构,利用 AFSIW 相位常数小的特点,设计了定波束的漏波天线;其次,在 AFSIW 定波束漏波天线的基础上,设计了折叠半模 AFSIW 定波束漏波天线,显著缩减了横向尺寸。

本书主要内容与贡献列表如下：

表 1-1　本书主要内容与贡献

章节序号	章节内容	主要工作和贡献
第 2 章	平面漏波天线的理论基础	➤漏波天线的工作机理和重要参数分析 ➤平面漏波天线技术（波导、微带、SIW 及其演变结构） ➤新型人工电磁结构技术（CRLH TL、SSPP、PRS 结构）
第 3 章	平面宽边线极化漏波天线	➤一款基于 CRLH TL 的波束扫描范围和增益平坦度增强型的漏波天线 ➤一款基于 PRS 的增益提高型漏波天线 ➤一款基于 SSPP 的宽带宽扫描范围漏波天线 ➤两款基于单元改善结构的宽带高增益漏波天线
第 4 章	平面宽边圆极化漏波天线	➤两款基于 PRS 加载的增益增强型圆极化漏波天线 ➤一款基于 SIW 高阶模和极化转换结构的圆极化高增益漏波天线 ➤一款基于 PRGW 的圆极化漏波天线
第 5 章	平面窄边漏波天线	➤一款基于 ISR 加载结构的窄边圆极化漏波天线 ➤一款基于探针加载的宽带窄边圆极化漏波天线 ➤一款基于 CRLH TL 馈电的窄边圆极化漏波天线 ➤一款基于 SSPP 馈电的窄边圆极化漏波天线
第 6 章	平面自双工漏波天线	➤一款边射/频扫 SIW 背腔自双工天线 ➤一款双波段频扫 SIW 背腔自双工天线
第 7 章	平面定波束漏波天线	➤一款基于 AFSIW 的圆极化漏波天线 ➤一款基于 AFSIW 的定波束漏波天线 ➤一款基于 AFSIW 的折叠半模定波束漏波天线

本书共分为 7 章。第 1 章为绪论部分，说明了平面漏波天线的基本概念和结构类型，总结了平面漏波天线的研究现状，分析了平面漏波天线的聚焦方向，列出了本书的具体内容和结构安排。第 2 章介绍了漏波天线的工作机理和重要参数，为后文设计基于人工电磁结构的新型漏波天线提供理论指导。第 3 章对平面宽边线极化漏波天线进行了理论分析和模型设计，制作了宽边线极化漏波天线，获得了设计方法。第 4 章研究了平面宽边圆极化漏波天线，采用不同复合结构实现了圆极化辐射、波束扫描范围和增益效率等电磁性能的提升。第 5 章探讨了平面窄边漏波天线，完成了四款基于新型人工电磁结构的窄边圆极化漏波天线设计。第 6 章研究了 SIW 结构在平面自双工漏波天线中的应用，完成了两款新型天线的应用设计。第 7 章对基于 AFSIW 的平面定波束漏波天线进行了深入研究，进行了天线理论分析和模型设计。

参考文献

［1］Liu J H, Jackson D R, Long Y L. Substrate integrated waveguide (SIW) leaky-wave antenna with transverse slots[J]. IEEE Transactions on Antennas and Propagation, 2012, 60(1): 20-29.

［2］ Prasad C S, Biswas A. Dielectric image line-based leaky-wave antenna for wide range of beam scanning through broadside［J］. IEEE Transactions on Antennas and Propagation, 2017, 65(8): 4311-4315.

［3］ Prasad C S, Biswas A, Akhtar M J. Leaky wave antenna for wide range of beam scanning through broadside in dielectric image line environment［J］. Microwave and Optical Technology Letters, 2018, 60(7): 1707-1713.

［4］ Cameron T R, Eleftheriades G V. Experimental validation of a wideband metasurface for wide-angle scanning leaky-wave antennas［J］. IEEE Transactions on Antennas and Propagation, 2017, 65(10): 5245-5256.

［5］ Caloz C, Itoh T. Electromagnetic metamaterials: Transmission line theory and microwave applications［M］. Hoboken, NJ, USA: John Wiley & Sons, Inc., 2005.

［6］ Liu L, Caloz C, Itoh T. Dominant mode leaky-wave antenna with backfire-to-endfire scanning capability［J］. Electronics Letters, 2002, 38(23): 1414.

［7］ Dong Y D, Itoh T. Composite right/left-handed substrate integrated waveguide and half-mode substrate integrated waveguide［C］//2009 IEEE MTT-S International Microwave Symposium Digest. Boston, MA, USA. IEEE, 49-52.

［8］ Pourghorban Saghati A, Mirsalehi M M, Neshati M H. A HMSIW circularly polarized leaky-wave antenna with backward, broadside, and forward radiation［J］. IEEE Antennas and Wireless Propagation Letters, 2014, 13: 451-454.

［9］ Cao W Q, Chen Z N, Hong W, et al. A beam scanning leaky-wave slot antenna with enhanced scanning angle range and flat gain characteristic using composite phase-shifting transmission line［J］. IEEE Transactions on Antennas and Propagation, 2014, 62(11): 5871-5875.

［10］ Jin C, Alphones A, Ong L C. Broadband leaky-wave antenna based on composite right/left handed substrate integrated waveguide［J］. Electronics Letters, 2010, 46(24): 1584.

［11］ Karmokar D K, Chen S L, Bird T S, et al. Single-layer multi-via loaded CRLH leaky-wave antennas for wide-angle beam scanning with consistent gain［J］. IEEE Antennas and Wireless Propagation Letters, 2019, 18(2): 313-317.

［12］ Chen S L, Karmokar D K, Li Z, et al. Circular-polarized substrate-integrated-waveguide leaky-wave antenna with wide-angle and consistent-gain continuous beam scanning［J］. IEEE Transactions on Antennas and Propagation, 2019, 67(7): 4418-4428.

［13］ Chi Y J, Chen F C. CRLH leaky wave antenna based on ACPS technology with 180 degrees horizontal plane scanning capability［J］. IEEE Transactions on Antennas and Propagation, 2013, 61(2): 571-577.

［14］ Yin J Y, Ren J, Zhang Q, et al. Frequency-controlled broad-angle beam scanning of patch array fed by spoof surface plasmon polaritons［J］. IEEE Transactions on Antennas and Propagation, 2016, 64(12): 5181-5189.

［15］ Wei D J, Li J Y, Yang J J, et al. Wide-scanning-angle leaky-wave array antenna based on microstrip

SSPPs-TL[J]. IEEE Antennas and Wireless Propagation Letters, 2018, 17(8): 1566-1570.

[16] Xu S D, Guan D F, Zhang Q F, et al. A wide-angle narrowband leaky-wave antenna based on substrate integrated waveguide-spoof surface plasmon polariton structure[J]. IEEE Antennas and Wireless Propagation Letters, 2019, 18(7): 1386-1389.

[17] Neto A, Bruni S, Gerini G, et al. The leaky lens: A broad-band fixed-beam leaky-wave antenna[J]. IEEE Transactions on Antennas and Propagation, 2005, 53(10): 3240-3246.

[18] Markley L, Noor A A, Neophytou K, et al. A geometrically phase-compensated transformation optics superstrate for fixed-Beam broadband leaky-wave radiation[C]// 2019 13th European Conference on Antennas and Propagation (EuCAP). Krakow, Poland. IEEE: 1-3.

[19] Mehdipour A, Wong J W, Eleftheriades G V. Beam-squinting reduction of leaky-wave antennas using Huygens metasurfaces[J]. IEEE Transactions on Antennas and Propagation, 2015, 63(3): 978-992.

[20] Wang L, Gómez-Tornero J L, Quevedo-Teruel O. Substrate integrated waveguide leaky-wave antenna with wide bandwidth via prism coupling[J]. IEEE Transactions on Microwave Theory and Techniques, 2018, 66(6): 3110-3118.

[21] Wang L, Gómez-Tornero J L, Rajo-Iglesias E, et al. Low-dispersive leaky-wave antenna integrated in groove gap waveguide technology[J]. IEEE Transactions on Antennas and Propagation, 2018, 66(11): 5727-5736.

[22] Chen J F, Yuan W, Zhang C, et al. Wideband leaky-wave antennas loaded with gradient metasurface for fixed-beam radiations with customized tilting angles[J]. IEEE Transactions on Antennas and Propagation, 2020, 68(1): 161-170.

[23] Liu P Q, Li Y, Zhang Z J, et al. A fixed-beam leaky-wave cavity-backed slot antenna manufactured by bulk silicon MEMS technology[J]. IEEE Transactions on Antennas and Propagation, 2017, 65(9): 4399-4405.

[24] Chang L, Zhang Z J, Li Y, et al. Air-filled long slot leaky-wave antenna based on folded half-mode waveguide using silicon bulk micromachining technology for millimeter-wave band[J]. IEEE Transactions on Antennas and Propagation, 2017, 65(7): 3409-3418.

[25] Mak K M, So K K, Lai H W, et al. A magnetoelectric dipole leaky-wave antenna for millimeter-wave application[J]. IEEE Transactions on Antennas and Propagation, 2017, 65(12): 6395-6402.

[26] Sarkar A, Sharma A, Biswas A, et al. EMSIW-based compact high gain wide full space scanning LWA with improved broadside radiation profile[J]. IEEE Transactions on Antennas and Propagation, 2019, 67(8): 5652-5657.

[27] Liu B, Hong W, Kuai Z Q, et al. Substrate integrated waveguide (SIW) monopulse slot antenna array[J]. IEEE Transactions on Antennas and Propagation, 2009, 57(1): 275-279.

[28] Cheng Y J, Hong W, Wu K. Millimeter-wave half mode substrate integrated waveguide frequency scanning antenna with quadri-polarization[J]. IEEE Transactions on Antennas and Propagation, 2010, 58(6): 1848-1855.

[29] Dong Y D, Itoh T. Substrate integrated composite right-/left-handed leaky-wave structure for polarization-flexible antenna application[J]. IEEE Transactions on Antennas and Propagation, 2012, 60(2): 760-771.

[30] Sarkar A, Mukherjee S, Sharma A, et al. SIW-based quad-beam leaky-wave antenna with polarization diversity for four-quadrant scanning applications[J]. IEEE Transactions on Antennas and Propagation, 2018, 66(8): 3918-3925.

[31] Wei D J, Li J Y, Liu J, et al. Dual-band substrate-integrated waveguide leaky-wave antenna with a simple feeding way[J]. IEEE Antennas and Wireless Propagation Letters, 2019, 18(4): 591-595.

[32] Zhang Q L, Zhang Q F, Liu H W, et al. Dual-band and dual-polarized leaky-wave antenna based on slotted SIW[J]. IEEE Antennas and Wireless Propagation Letters, 2019, 18(3): 507-511.

[33] Yu H W, Jiao Y C, Zhang C, et al. Dual-linearly polarized leaky-wave patch array with low cross-polarization levels using symmetrical spoof surface plasmon polariton lines[J]. IEEE Transactions on Antennas and Propagation, 2021, 69(3): 1781-1786.

第 2 章　平面漏波天线

平面漏波天线的本质是一种行波天线。当电磁波沿行波结构传播时，若沿此结构不断地产生辐射，则所辐射的波称为漏波。漏波天线的实现形式可以是均匀结构和周期性结构，这两种形式的电磁机理相似但不相同，因此两种漏波天线的电磁特性也有区别。本章 2.1 节将对漏波天线的工作机理和重要参数进行理论分析，为后文设计基于人工电磁结构的新型漏波天线提供理论指导。

平面漏波天线的发展是伴随着生产工艺的进步而发展的。早期的金属波导机械强度高、损耗低，但是体积大、相对笨重，不易集成。后来的微带印刷工艺轮廓低、质量轻、易与平面电路集成，但是高频段损耗较大、效率低。洪伟教授和吴柯教授提出的 SIW 结合了传统金属波导和微带结构的优点，满足低损耗、易集成、适应高频工作的需求。随后，在此基础上发展出半模 SIW、PRGW、AFSIW 等各种新型结构，为漏波天线性能提升提供了重要的方案。本章 2.2 节将对这些工艺结构进行简单介绍和分析。

新型人工电磁结构为平面漏波天线的性能提升和功能拓展提供了新的选择。除了传统的弯折线，CRLH TL 和 SSPP 结构可以调控移相传输特性，对提升波束扫描范围和改善增益平坦度效果明显。部分反射表面(PRS)周期性结构对提升口径利用率和增益效率作用突出。本章 2.3 节将对这些新型人工电磁结构涉及的基础理论进行分析，为后文设计新型天线提供技术支持。

2.1　漏波天线的理论基础

2.1.1　行波天线

对于振子类型的线天线，例如沿 z 轴放置的双极天线，上半部分电流可以写为：

$$I_m \sin\left[\beta\left(\frac{L}{2}-z\right)\right]=\frac{I_m}{2j}e^{j\left(\frac{\beta L}{2}\right)}\left(e^{-j\beta z}-e^{j\beta z}\right) \tag{2-1}$$

括号中的第一项 $e^{-j\beta z}$ 是外向入射波，第二项 $e^{j\beta z}$ 是反射波。双极天线终端开路，电流从馈电点出发到达天线末端发生反射，形成驻波电流分布，也称为驻波天线；同时其输入阻抗具有明显的谐振特性，又称为谐振天线；因为此类天线带宽较窄，相对带宽约百分之几到百分之十几,所以又称为窄带天线。例如,半波振子天线的带宽仅为 $8\% \sim 16\%$(驻波比 VSWR$<$2.0)。

具有行波电流分布的天线称为行波天线。行波天线的带宽要比驻波天线宽得多,为宽带天线。工作在行波状态,频率变化时,天线输入阻抗近似不变,方向图随频率变化较缓慢。为了获得行波电流,一般可在导线末端接匹配负载,或用很长的天线辐射大部分功率,仅有小部分功率传输到末端。通常行波天线有相当一部分能量被负载吸收,其天线效率远低于谐振天线。

行波单导线是最简单的行波天线。如图 2-1 所示,行波单导线为直线状,导线长度大于 1/2 波长,末端接一个匹配负载 R_L 以抑制反射波。精确分析这类天线比较难,可以进行简化处理:①忽略地面影响,假设天线工作在自由空间,地面的影响可以用镜像法进行处理;②忽略馈电点的技术细节,同轴线馈电且 $d \ll L$,忽略长为 d 的垂直部分

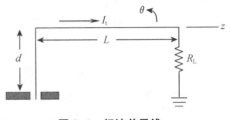

图 2-1　行波单导线

对辐射场的贡献;③忽略沿线衰减,假设沿线的辐射和焦耳损耗很小。

电流振幅 I_m 是常数,相速等于自由空间的光速,于是电流可以写成:

$$I_t(z) = I_m e^{-j\beta z} \tag{2-2}$$

它代表沿 $+z$ 轴传输的无衰减等幅行波,β 是自由空间的相位常数。行波单导线完整的辐射方向图函数为:

$$F(\theta) = K \sin\theta \frac{\sin\left[\dfrac{\beta L}{2}(1 - \cos\theta)\right]}{\dfrac{\beta L}{2}(1 - \cos\theta)} \tag{2-3}$$

式中,K 是归一化常数,主要取决于长度 L。由式(2-3)得出最大辐射角近似为

$$\theta_m = \arccos\left(1 - \frac{\lambda}{2L}\right) \tag{2-4}$$

图 2-2 给出了不同长度的行波单导线方向图。若 $L = n\lambda$,则在前向($0 < \theta_m < 90°$)会有 n 个波瓣。根据式(2-4)可得图 2-3。

行波单导线的输入阻抗几乎是纯电阻。长的行波单导线的辐射电阻在 $200 \sim 300\,\Omega$ 范围内,终端电阻 R_L 一般取辐射电阻值。由图 2-2 和 2-3 可知,行波单导线的方向特性如下:①随着导线长度 L 的增加,最大辐射方向与导线间的夹角越来越小,主瓣变窄,副瓣变多;②沿导线轴向没有辐射,这与基本振子轴向无辐射相同;③当导线很长时,主瓣方向随工作波长(λ)变化趋缓,可见天线方向性具有宽频带特性;④由式(2-4)可以看出,最大

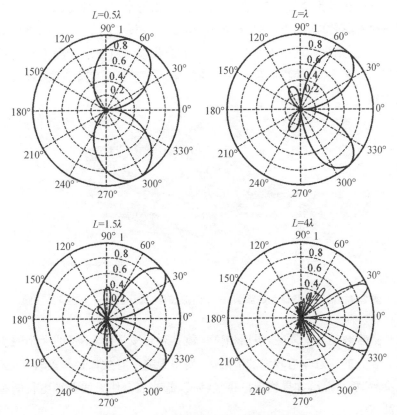

图 2-2　不同长度的行波单导线方向图

辐射仰角与工作波长（频率）相关，当 L 一定时，不同的工作频率，最大辐射方向发生变化，可见行波天线具有频率扫描特性。

行波单导线可以视为最简单的无耗漏波天线，为理解漏波机理奠定基础。

2.1.2 漏波天线基础

（1）漏波天线概念

几乎所有早期的漏波天线都是基于封闭波导结构的，通过在波导侧面引入缝隙使电磁波能量沿波导径向泄漏辐射。为了减小由金属或介质损耗引起的衰减，近年来多种新型毫米波波导被设

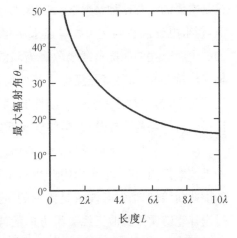

图 2-3　自由空间中长度为 L 的行波单导线辐射方向图的最大辐射角

计成开放形式，例如各种介质波导、槽波导、非辐射介质（NRD）波导、微带线等。这些开放式波导的主模是表面波模式，在其表面开缝不能使电磁波泄漏辐射，通常需要引入不对称结构来实现漏波。

漏波天线是一种基于波导结构,具有沿其径向辐射电磁波性能的天线。这类天线最早的原型是一个在其侧面开有连续狭缝的矩形波导,如图 2-4 所示。如果在整个狭缝长度上都有能量泄漏,则该天线的有效口径即为整个狭缝。通常用泄漏率来表示能量泄漏的程度。如果泄漏率太高,使得能量在到达狭缝末端之前已经完全泄漏,则天线的有效口径长度就会缩短。

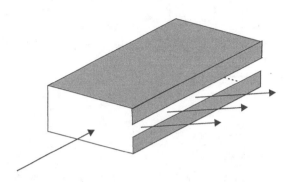

图 2-4　漏波天线最早的原型:一个矩形波导,其一侧有一个连续的狭缝

波导的传播常数是一个复数,包括相位常数 β 和衰减常数 α。α 的大小取决于单位长度的泄漏量。较大的 α 意味着较大的泄漏率,使得天线的有效口径长度较短,天线波束的波瓣宽度也会越宽。相反,如果物理口径足够长,低 α 值会使天线获得更长的有效口径长度和更窄的波束。

当天线口径长度固定且泄漏率很小时,波束宽度主要由固定口径长度决定,α 的影响只是次要的。在这种情况下,α 主要影响的是辐射效率。设计漏波天线时,通常优化 α 的值,使得电磁波在到达天线口径末端时,波导中约 90% 的能量能够泄漏辐射出去,而剩余的能量由末端的匹配负载吸收。当漏波天线为严格均匀结构时,由于电磁波沿径向连续辐射能量,天线口径场强度会沿径向呈指数(缓慢)衰减。通常均匀结构漏波天线的副瓣性能较差,为了改善天线的副瓣性能,可在保持 β 恒定的同时,沿径向缓慢地改变 α 的值以调整口径场的振幅分布,最终实现低副瓣。

漏波天线具有类似行波天线的辐射特性,可以通过改变漏波天线的工作频率来实现一维波束扫描,在扫描平面内产生一个窄的扇形波束。漏波天线的波束形状取决于天线的横截面结构,通常其波束是锥形的,也可以通过漏波线源阵列产生笔状波束。此外,通过设计能够实现漏波天线二维方向的波束扫描。通常在其正交平面上,不再采用频率扫描,而是采用相位扫描。

(2)漏波天线类型

漏波天线有两种不同的基本类型,这取决于波导结构的几何形状沿径向是严格均匀的还是周期性变化的。这两种类型的漏波天线在原理上是相似的,但在性能和设计上有所不同。

第一种类型是均匀漏波天线，它沿着波导结构的径向是均匀的，而不是周期性变化的。所有的均匀型漏波线源都辐射到前象限，理论上可以实现从边射扫描到端射，频率越高，则波束越靠近端射。然而，在实际设计中，波束无法到达边射和端射（临界情况），与临界情况的接近程度取决于具体的结构。一种波导结构包含介电材料和空气，同时具有慢波区 $(\beta > k_0)$ 和快波区 $(\beta < k_0)$（k_0 是空气中的自由空间波数）。两种工作模式之间的转换通常是非常快的，当在末端的时候（当 $\beta = k_0$），扫描波束的指向非常接近端射。这种结构的优点是，通常采用较小的频率范围就能覆盖较宽的扫描角范围。另一种波导结构仅填充空气。此时，波束与临界情况保持约 $10°$ 或 $15°$ 的距离，且波束指向随频率变化的灵敏度更低（尤其是近端射区域）。这种结构的优点是，波束进行频率扫描时，波束宽度保持不变。

第二种类型是周期性漏波天线，它引入了波导结构的周期性变化，这种周期性变化产生了漏波。除了通过沿径向的尺寸渐变来控制旁瓣之外，其周期结构本身沿着径向是均匀的。周期性漏波天线的传播常数是一个复数，包括相位常数 β 和衰减常数 α。与均匀漏波天线的情况相同，α 的大小对波束宽度和辐射效率产生影响。如图 2-5 所示，在一根矩形介质棒上放置一组周期性的金属条，就构成了一个典型的周期性漏波天线。

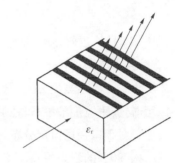

图 2-5　典型的周期性漏波天线

均匀漏波天线和周期性漏波天线之间的重要区别是，前者的主模是快波，因此只要结构是开放式的，均匀漏波天线都会产生辐射。周期性漏波天线的主模是慢波，即使结构是开放的，也不会产生辐射。周期阵列的引入会产生无穷多的空间谐波，其中一些谐波可能是快波，而其他谐波则是慢波，这些快波的空间谐波会辐射出去。由于我们希望天线只辐射一个波束，因此该结构设计需满足只有一次空间谐波（$n = -1$）是快波。这类天线的扫描范围是从后向端射开始，经过边射，再进入前象限的一部分，但在边射附近的窄带区域内会存在一个"开放式阻带"。总结来说，这两类漏波天线的扫描范围完全不同。均匀漏波天线波束只在前象限扫描，并且其波束指向不能达到边射和端射。相反，周期性漏波天线可以扫描几乎所有的后象限，也可以扫描部分前象限。

2.1.3　均匀漏波天线的设计原理

漏波天线的物理结构是长度为 L 的波导结构，其沿结构径向产生漏波。漏波天线在径向（z）方向上的传播特性取决于相位常数 β 和衰减常数 α，其中 α 是单位长度漏波（辐射）功率的度量。当波导结构沿径向完全均匀时，β 和 α 不随 z 变化，口径分布具有振幅指数变化和相位恒定的特性。这样的口径分布会导致漏波天线副瓣电平较高。因此，实际设计漏波天线时应使 α 的值随 z 逐渐变化，以此来控制副瓣电平。

β 和 α 的值取决于泄漏波导的横截面结构。无论是理论上还是实验上,在大多数情况下,β 和 α 值的确定都是设计中最难的部分。β 和 α 是频率和横截面结构的函数,漏波天线的主要电特性都与这两个参数有关。这些电特性包括波束方向、波束宽度、辐射效率、扫描角随频率的变化,以及控制旁瓣所需的衰减常数 α 的变化。

(1) 波束方向、波束宽度和辐射效率

一旦 β 和 α 的值已知,波束方向和波束宽度可用下面的公式确定:

$$\sin\theta_{\mathrm{m}} \approx \frac{\beta}{k_0} \tag{2-5}$$

$$\Delta\theta \approx \frac{1}{(L/\lambda_0)\cos\theta_{\mathrm{m}}} \tag{2-6}$$

式中,θ_{m} 是从边射方向(垂直于漏波天线轴)测量的波束最大角度;L 是漏波天线的长度;$\Delta\theta$ 是波束宽度;k_0 是自由空间波数($k_0 = 2\pi/\lambda_0$)。θ_{m} 和 $\Delta\theta$ 在公式(2-5)和(2-6)中均以弧度表示。波束宽度 $\Delta\theta$ 主要由天线长度 L 决定,但也受口径场振幅分布的影响。口径场恒定时,波束宽度最窄;口径场尖峰分布时,波束宽度更宽。公式(2-6)计算出的是一个中间值。对于口径场恒定分布,分子中的单位因子应替换为 0.88;对于沿径向保持均匀的漏波结构,90%的辐射保持不变,系数应为 0.91;对于口径场尖峰分布,系数可能为 1.25 或更高。

对于给定的 α 值,通常选择天线长度 L,使得 90%(或最多 95%)的能量泄漏辐射,剩余的 10%左右由匹配负载吸收。如果设计超过 90%的能量辐射会产生两个问题:第一,天线必须加长;第二,控制旁瓣所需的 $\alpha(z)$ 变化会变得非常敏感。对于 90%的能量辐射的情况,我们得到以下关系式

$$\frac{L}{\lambda_0} \approx \frac{0.18}{\alpha/k_0} \tag{2-7}$$

该式简单有效,由下式推导而来

$$\frac{P(L)}{P(0)} = \exp(-2\alpha L) = \exp[-4\pi(\alpha/k_0)(L/\lambda_0)] \tag{2-8}$$

式中,$P(L)$ 是 $z=L$ 时漏波模式下的剩余功率;$P(0)$ 是 $z=0$ 时的输入功率。

如果 L 和 α 都单独指定,那么辐射功率的百分比可能会显著偏离所需的 90%。实际上,α 是频率的函数,因此当波束频率扫描时,辐射效率会有所变化。90%的值通常应用于扫描范围的中间频率。然而,通过式(2-8),我们可以很容易地得到辐射功率百分比的表达式:

$$\begin{aligned} \text{辐射功率百分比} &= 100[1 - P(L)/P(0)] \\ &= 100\{1 - \exp[-4\pi(\alpha/k_0)(L/\lambda_0)]\} \end{aligned} \tag{2-9}$$

式(2-9)假设口径分布呈指数衰减。当按照设计惯例,通过口径场渐变分布来控制旁瓣时,式(2-9)仍然可作为良好的近似值。

(2) 扫描角特性

根据波导结构填充介质的不同,均匀漏波天线也可以分为两类:空气填充的漏波天线和部分介质填充的漏波天线。它们在原理上相似,但在扫描角特性上有所区别。

典型的空气填充波导结构包括开放矩形波导和槽波导。通常这些结构的主模是快波,其相速度大于自由空间波速。部分介质填充的波导结构包括非辐射介质(NRD)波导和开放介质加载矩形波导。根据几何结构和工作频率,这些波导结构的主模可以是快波,也可以是慢波。当把它们用作漏波天线时,需要工作在快波范围($\beta/k_0 < 1$)。

均匀漏波天线采用空气填充波导结构和部分填充介质波导结构,性能各有优劣。就波束宽度而言,空气填充更具有优越性。空气填充波导结构的波数是一个常数,与频率无关。因此,在通过改变频率实现波束扫描时,辐射的波束宽度可以保持基本不变。相反,在部分介质填充的情况下,波束宽度将随扫描角的变化而变化。另外,当频率变化时,部分介质填充结构的波束角度变化更快,因此部分介质填充结构可以在相同频率变化范围内获得更大的波束扫描范围。

图 2-6 给出了空气填充和部分介质填充情况下的色散特性,图中 $\beta/k_0 = 1$ 对应于端射,而 $\beta/k_0 = 0$ 对应于边射。无论部分介质填充波导结构的填充系数是多少,截止点附近(靠近边射)的 β/k_0 变化都是大致相同的。两种类型的主要区别体现在曲线的尾部。在直线 $\beta/k_0 = 1$ 附近,空气填充情况下的频率变化非常缓慢,随着频率增大曲线逐渐接近该线。对于部分介质填充的情况,曲线非常迅速地穿过直线 $\beta/k_0 = 1$ 到达其上方。这种情况下,部分介质填充类型的扫描角随频率的变化更快,并且扫描范围可以更接近端射,而空气填充类型的波束指向则无法接近端射。

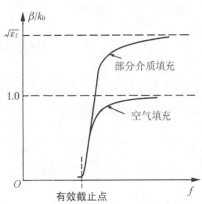

图 2-6　空气填充或部分介质填充均匀漏波天线归一化波数 β/k_0 随频率的变化

对于空气填充波导结构,其波数 k_t 是一个独立于频率的常数(k_c),当通过改变频率实现波束扫描时,波束宽度 $\Delta\theta$ 保持不变。θ_m 是从边射方向测量的波束最大角度,根据公式(2-5),可知

$$\cos^2\theta_m = 1 - \sin^2\theta_m = 1 - (\beta/k_0)^2 \tag{2-10}$$

又由于

$$k_0^2 = \beta^2 + k_c^2 \tag{2-11}$$

对于空气填充波导结构，

$$1-(\beta/k_0)^2=1-[1-(k_c/k_0)^2]=(k_c/k_0)^2 \tag{2-12}$$

因此

$$\cos\theta_m=k_c/k_0 \tag{2-13}$$

将式(2-13)代入式(2-6)得到

$$\Delta\theta\approx\frac{2\pi}{k_cL}=\frac{\lambda_c}{L}(以弧度表示) \tag{2-14}$$

可见，漏波天线根据公式(2-7)设计时，其波束宽度 $\Delta\theta$ 与频率无关。

当波导结构部分填充介质时，其波数 k_t 是频率的函数，$\Delta\theta$ 将随频率扫描而变化。

（3）辐射模式

通常，可以通过对口径场分布进行傅里叶变换来得到辐射方向图。当漏波天线的几何结构沿天线径向保持不变时，口径场分布是一个行波，并且相位常数 β 和衰减常数 α 均为常数，这说明其振幅分布呈指数衰减。如果天线长度为无限长，则辐射方向图 $R(\theta)$ 由下式给出：

$$R(\theta)\approx\frac{\cos^2\theta}{(\alpha/k_0)^2+(\beta/k_0-\sin\theta)^2} \tag{2-15}$$

没有任何旁瓣。如果天线长度是有限的，则 $R(\theta)$ 的表达式会变得更加复杂，并且其方向图与无限长天线相比，有明显的旁瓣。

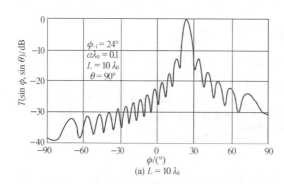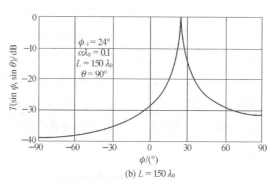

图 2-7　介质光栅漏波天线的辐射方向图

Schwering 和 Peng 在一篇关于介质光栅漏波天线的论文中很好地说明了上述分析。如图 2-7(a)所示，天线的长度为 $10\lambda_0$，图中显示有明显的旁瓣。随着天线长度的增加，旁瓣幅度逐渐减小。图 2-7(b)中的辐射方向图是平滑的没有旁瓣，此时天线长度为 $150\lambda_0$，接近无限长的情况。图 2-7(a)中的辐射方向图具有旁瓣，其第一旁瓣电平约为 -13 dB，这通常是不满足工程需求的。为了降低旁瓣电平，通常会适当地渐变口径场的振幅分布，如下所述。

（4）控制口径场的振幅分布以降低旁瓣

通常可以通过以下步骤设计具有理想辐射方向图的漏波天线：首先，确定目标期望辐射方向图，通过标准天线技术确定相应的口径场振幅分布；其次，根据确定的口径场振幅分布，将 α/k_0 的值计算为沿天线径向位置（z）的函数，同时，β/k_0 必须沿径向保持恒定，以便口径所有部分的辐射指向同一方向；最后，将 α 和 β 与几何结构联系起来，计算结构参数作为沿天线径向位置的函数。

然而，当我们改变波导结构的局部横截面几何结构时，如果调整某点 z 处 α 的值时，该点 β 的值可能也会略微变化。为保证 β 不变，几何结构必须进一步调整来保持 β 的值不变，从而又会在一定程度上影响 α。实际上，对于大多数漏波天线，这种设计会增加结构的复杂性，我们希望得到可以独立调整 β 和 α 的结构参数。

第一个设计步骤，即确定目标期望辐射方向图所需的口径场振幅分布，是一个与漏波天线没有具体关系的标准天线程序。第二步，计算与第一步得到的口径场振幅分布对应的 $\alpha(z)$ 值，与漏波天线直接相关。这里给出第二步所需表达式的推导。沿天线的功率分布可以表示为

$$P(z) = P(0)\exp\left[-2\int_0^z \alpha(\zeta)\mathrm{d}\zeta\right] \tag{2-16}$$

式中，$P(0)$ 是输入点 $z = 0$ 的功率；ζ 是积分变量。根据式（2-16）的微分，可得

$$-\frac{\mathrm{d}P(z)}{\mathrm{d}z} = 2\alpha(z)P(z) \tag{2-17}$$

假设期望的口径场分布（将达到目标的辐射方向图）是 $A(z)\exp(-\mathrm{j}\beta z)$，可得

$$-\frac{\mathrm{d}P(z)}{\mathrm{d}z} = c \mid A(z) \mid^2 \tag{2-18}$$

式中，c 是一个比例常数。比较式（2-17）和（2-18），可得

$$2\alpha(z) = \frac{c \mid A(z) \mid^2}{P(z)} \tag{2-19}$$

在对式（2-18）进行积分后，可得对应于两组积分的以下结果：

$$c\int_0^L \mid A(\zeta) \mid^2 \mathrm{d}\zeta = P(0) - P(L) \tag{2-20}$$

$$c\int_0^z \mid A(\zeta) \mid^2 \mathrm{d}\zeta = P(0) - P(z) \tag{2-21}$$

接下来，将式（2-21）代替式（2-19）中的 $P(z)$，然后使用式（2-20）消除比例常数 c。通过简单整理，可以得到以下结果：

$$2\alpha(z) = \cfrac{|A(z)|^2}{\cfrac{P(0)}{P(0)-P(L)}\int_0^L |A(\zeta)|^2 \mathrm{d}\zeta - \int_0^z |A(\zeta)|^2 \mathrm{d}\zeta} \tag{2-22}$$

式中，$\alpha(z)$的单位是单位长度的奈培(衰减单位 Np)数。为得到单位长度的 $\alpha(z)$ 分贝值，需乘 8.686(1 Np＝8.686 dB)。如果允许口径末端剩余的功率 $P(L)$ 接近零，那么由式(2-22)可知，对于接近口径末端即接近 $z＝L$ 处，$\alpha(z)$ 会变得非常大。这就是 $P(L)/P(0)$ 通常设计为 0.1 左右，但不会很小的主要原因，剩余功率被匹配负载吸收，以避免出现后瓣。

2.1.4　周期性漏波天线的设计原理

周期性漏波天线与均匀漏波天线的不同之处在于，波导结构沿其长度周期性变化，而不是完全均匀(不考虑用于控制旁瓣的尺寸渐变)。均匀漏波天线上的主模相速对于自由空间波速更快，是快波，而周期性漏波天线上的主模则是慢波，并不辐射，需要引入周期性变化的结构来产生辐射。由于产生辐射的物理过程不同，因此这两种天线具有不同的扫描范围。上一节中讨论的均匀漏波天线的大多数设计原理也适用于周期性漏波天线。下面的分析会给出，这两类天线在设计中需要做出哪些改动。我们将分析周期性设计是如何产生漏波的，以及为什么这两种类型的扫描范围不同。

（1）周期性对扫描特性的影响

为了理解漏波原理，分析波束指向随频率变化的扫描特性，需要引入空间谐波的概念。假设先取一个均匀的介质波导，然后沿其长度方向周期性地放置一组金属条(如图 2-5所示)。在添加金属条之前，我们选择特定的波导尺寸和频率，使得只有主模高于截止模式。对于这种模式，$\beta > k_0$，所以它是纯束缚的。当添加周期性条带阵列后，周期性引入无限多个空间谐波，每个谐波的相位常数分别为 β_n，并满足

$$\beta_n d = \beta_0 d + 2n\pi \tag{2-23}$$

式中，d 为导波结构的周期长度；β_0 为基本空间谐波，值一般为均匀介质波导主模的相位常数 β，由于添加了条带，其值受到一定程度的扰动。从式(2-23)中可以看出，β_n 具有多个值，实际上这些空间谐波可以是正向的，也可以是反向的，可以是慢波，也可以是快波。由于该结构是开放式的，因此总存在一个为快波的空间谐波产生辐射。空间谐波全部互相关联，并且所有这些谐波一起构成负载结构的主导模式，如果一个或多个空间谐波成为快波，那么整个模式都会泄漏。

为使空间谐波是快波，则需要 $\beta_n/k_0 < 1$(已知 $\beta_0/k_0 > 1$)。改写式(2-23)可得

$$\frac{\beta_n}{k_0} = \frac{\beta_0}{k_0} + \frac{2n\pi}{k_0 d} = \frac{\beta_0}{k_0} + \frac{n\lambda_0}{d} \tag{2-24}$$

如果 n 为负，并选择适当的 λ_0/d，很容易使 $|\beta_n/k_0| < 1$。对于实际的天线，只需要一

个辐射波束,所以我们选择 $n=-1$。

进一步思考,当频率较低时,所有的空间谐波都是慢波,不产生辐射。当频率达到临界值时,$n=-1$ 空间谐波先成为快波,辐射波束向后端射出。随着频率的增加,波束将从后端向边射方向扫描,但波束指向仍在后象限。若频率进一步增加将使波束转向边射,然后穿过侧面进入前象限。前象限的扫描范围取决于介电常数等天线的其他特性。需要注意的是,天线只有在辐射单个可控波束时才是可用的。通常前象限的扫描范围受到来自后向端射 $n=-2$ 空间谐波(或是下一个高于截止模式的波导模式)的影响。

对于周期结构漏波天线,在边射点附近的窄带区域存在"开放式阻带"现象。该区域的 α 值变大,然后为 0(对于无限长的结构)。这意味着实际天线在这个窄角度区域内,驻波比很大(功率被反射回源),辐射量大幅下降。这种现象非常常见,比如缝隙阵列天线边射扫描时也会产生这种现象。当前有一些技术可以改善"阻带"现象。其中一种方法是使用成对条带,而不是单个条带。每对条带的单元之间的距离为 $\lambda_{g0}/4$(λ_{g0} 是波导波长)。在边射频率时,每对条带的第一个单元的反射波将被第二个单元的反射波抵消。

(2)波束方向、波束宽度和辐射效率

通过上一节的讨论,我们发现均匀漏波天线和周期性漏波天线的理论有很多相似之处,所以它们的主要特性也很相似。关于均匀漏波天线的所有讨论也适用于周期性漏波天线。考虑到两种类型天线之间的主要差异,只要做一些简单的改变。由于二者的主要区别在于周期性漏波天线的辐射是由 $n=-1$ 空间谐波引起的,因此对于周期性漏波天线,式(2-5)中的 β 需要改写成 β_{-1},得到

$$\sin\theta_m \approx \frac{\beta_{-1}}{k_0} \tag{2-25}$$

其中,

$$\beta_{-1} = \beta_0 - 2\pi/d \tag{2-26}$$

与式(2-23)一致。当我们将式(2-26)代入式(2-25)时,可得

$$\sin\theta_m \approx \frac{\beta_0}{k_0} - \frac{2\pi}{k_0 d} = \frac{\lambda_0}{\lambda_{g0}} - \frac{\lambda_0}{d} \tag{2-27}$$

因此,根据上一节的讨论,比较 λ_0/d(其中 d 是周期)与 λ_0/λ_{g0}(或 β_0/k_0)可知,波束可以指向后象限,也可指向前象限。将相位常数 β 改写为 β_{-1} 后,式(2-6)到(2-13)以及与之相关的讨论也适用于周期性漏波天线。上一节中与辐射模式有关的讨论,以及控制口径场振幅分布所需的步骤,在这里也是适用的。

(3)馈电考虑

当天线口径按照上一节的设计步骤逐渐变窄时,可以获得低旁瓣辐射方向图。如果在实际设计漏波天线时采用适当的馈电方式,也可以获得优异的辐射特性。

对于均匀漏波天线,与馈电有关的问题通常可以忽略。在大多数情况下,均匀漏波天线通过将闭合波导结构改造成开放结构,闭合波导和天线口径之间的不连续性在开始设计时就非常小。因此,馈电结构的杂散辐射可以忽略不计。当然,在这个馈电处也没有明显的阻抗失配。

对于表面波激励的周期性漏波天线,通常采用开放的馈电结构,必须进行具体分析。问题主要在于表面波的产生方式,而不是向周期性结构的过渡。表面波通常由封闭波导的渐变过渡引起的,由此将产生与过渡相关的杂散辐射。这种问题在表面波天线中是非常常见的。当这种过渡结构构成整个馈电系统的一部分时,对辐射模式的影响可能非常显著,甚至会破坏最初的模型设计。当然,在许多情况下,漏波天线的杂散馈电辐射不是问题,但在设计中必须仔细研究馈源机制,以确保其不会对辐射模式产生影响。

2.2　平面漏波天线技术

2.2.1　波导天线

所有早期的漏波天线都是基于封闭波导结构的,而泄漏是通过物理切割波导管壁来实现的,其形式为纵向狭缝或一系列紧密间隔的孔,如图 2-8 所示。这些孔或槽的间距很小,因此应将结构视为准均匀的,而不是周期性的。即使这些孔的间距是周期性的,它们辐射的是 $n=0$ 空间谐波,而不是 $n=-1$ 空间谐波。封闭波导漏波天线的横截面结构通常非常简单,因此有可能获得复数波数的精确表达式 $(\beta-\mathrm{j}\alpha)$,与横截面的频率和几何形状有关。

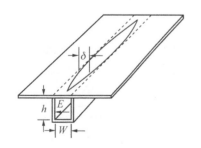  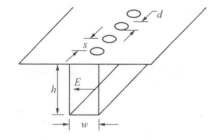

(a) 窄壁长缝隙为渐变锥形　　　(b) 圆波导中的长缝　　　(c) 准均匀孔径,窄壁上的密集圆孔("多孔导轨")

图 2-8　基于封闭结构的波导漏波天线

另一类是基于开放波导结构的漏波天线。这类开放波导有些是均匀结构,其主导模式最初是纯束缚的,而有些是周期性结构,通过表面波激发 $n=-1$ 空间谐波。表面波激励周期性漏波天线最著名的例子是介电矩形杆(或板),有或没有接地层,其顶部或一侧有周期性排列的凹槽或金属条,如图 2-9 所示。这类结构需要引入不产生伪辐射的馈电机制。由于波导已经打开,不能切割以诱导辐射,因此需要采用其他方法。最常见的方法是适当引入不对称性,也可以使用泄漏高阶模式或对几何结构进行一定的修改。

毫米波段漏波天线也常使用开放波导结构。由于毫米波波长小,因此需要寻求更简单的结构。最新设计常通过使用掩模以印刷电路形式光刻沉积结构的复杂部分。考虑到波导在毫米波具有更高的损耗,新型低损耗波导得到发展,主要包括非辐射介质(NRD)波导、槽波导和矩形介质棒,有时以新颖的方式与微带结合使用,如图 2-9 所示。然而,这些结构很难从理论上分析,所以它们的设计通常只是经验性的。

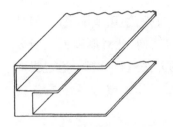 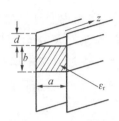 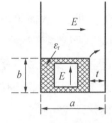

(a) 均匀非对称槽波导天线　　　(b) 基于非辐射介质(NRD)波导漏波天线　　　(c) 非对称 NRD 波导漏波天线

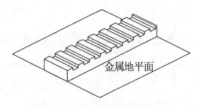 

(d) 带凹槽光栅的介质镜像波导　　　　　(e) 带金属条光栅的介质镜像波导

图 2-9　基于开放结构的波导漏波天线

2.2.2　微带天线

微带天线由介质基片两侧敷以导体接地板和导体薄片构造而成。通常天线依靠微带线或同轴探针进行馈电激励,通过四周缝隙向外辐射电磁波。相对于其他天线,微带天线具有以下优点:①质量轻、体积小;②剖面低,易与复杂载体共形;③成本低,适合大批量生产;④与集成电路、有源器件兼容;⑤易于实现圆极化、多频段、多极化等功能。实际应用中,可以通过将多个辐射单元组成阵列的方式实现天线阵,从而获得较大的增益,提高功率容量。目前微带天线已经广泛应用于飞行器、雷达系统以及地面便携式设备等无线电设备中。随着对其研究的逐渐深入,工艺制造愈发成熟,微带天线的应用前景也愈加广阔。

微带天线可以分为四种基本类型:微带贴片天线、微带振子天线、微带缝隙天线和微带线型天线。如图 2-10 所示,前三种以驻波天线为主,第四种微带线型的变形结构常用作微带漏波天线。

分析微带天线的基本理论一般分为三种:传输线模型(TLM)理论、空腔模型(CM)理论和全波分析法(FW)。其中,传输线模型是最早出现的分析模型,主要用于矩形贴片天

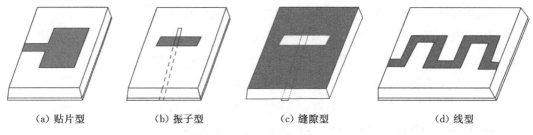

(a) 贴片型　　　　　(b) 振子型　　　　　(c) 缝隙型　　　　　(d) 线型

图 2-10　微带天线

线的分析,方法简单但应用范围较窄;空腔模型理论更加严格、有效,适用范围更广,但是仅限于天线厚度远小于波长的情况;全波分析法可以用于任何结构、任意厚度的天线分析,但是计算量最为复杂。微带漏波天线可以运用场路结合的方法进行分析。通过提取单元参数得到色散曲线,结合各阶谐振模式,分析快波和慢波的工作区域,为分析漏波机理提供理论分析方法。

2.2.3　SIW 天线

（1）SIW 以及过渡结构

频谱资源稀缺问题使得开发高频(如毫米波、太赫兹)资源成为迫切需求。传统微带开放式结构在高频损耗大;传统矩形波导结构剖面高,难以与平面电路集成,并且过渡结构庞大且复杂。2001 年,吴柯教授等人提出了一种将微带线和矩形波导完美集成的新技术——SIW。图 2-11 为 SIW 的基本结构,由上下双面均覆有金属涂层(工艺上一般分为沉锡或沉金两种工艺)的介质板构成,沿介质板纵向两侧分别刻蚀线性排列的金属化通孔阵列,也可以使用金属化的凹槽来代替。能量由结构一端馈入,沿另一端导出,构成类似波导结构。

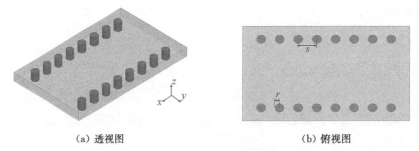

(a) 透视图　　　　　　　　　　　　(b) 俯视图

图 2-11　SIW 结构图

SIW 结构中周期排列的金属通孔等效为理想金属表面,防止能量泄漏的条件是:

$$r < 0.1\lambda_g \tag{2-28}$$

$$s < 4r \tag{2-29}$$

式中,r 为金属通孔半径;s 为金属通孔周期间距;λ_g 为结构波导波长。

通过控制金属化通孔的半径以及间距,可尽可能减少传输电磁波从侧壁泄露,金属化孔阵等效为传统矩形波导金属窄边波导壁。SIW 结构的场分布与矩形波导的场分布类似,都传输 TE$_{10}$ 模。SIW 结构具有低成本、低剖面、易加工、易集成等优点,避免复杂笨重的过渡结构,减小系统的复杂度。

　　实际系统中使用较多的是微带线等传输线结构,通常需要在 SIW 结构和微带线结构之间设计过渡匹配结构,减少回波损耗,实现电路的集成。图 2-12 为锥形微带渐变线过渡结构,采用该过渡结构使得一端连接 50 Ω 匹配负载,另一端连接 SIW 结构。我们可以通过传输线阻抗计算公式来得到相关参数尺寸。

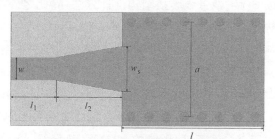

图 2-12　锥形微带渐变线过渡结构

　　矩形波导结构 TE$_{10}$ 模的等效阻抗

$$Z_e = \frac{\pi b}{2a} \frac{\omega \mu}{\beta} = \frac{\pi b}{2a} \sqrt{\frac{\mu}{\varepsilon}} \frac{1}{\sqrt{1 - \left(\frac{\lambda}{2a}\right)^2}} \tag{2-30}$$

式中,a、b 分别为矩形波导的宽度和高度;ω 为角频率;ε、μ 分别为介电常数和磁导率;β 为传播常数。SIW 结构与矩形波导相对应,其等效阻抗

$$Z_e = \frac{\pi h \eta_0}{2a \sqrt{\varepsilon_r \left[1 - \left(\frac{\lambda}{2a}\right)^2\right]}} \tag{2-31}$$

式中,空气波阻抗 $\eta_0 = 120\pi (\Omega)$;h 为介质板的厚度;ε_r 为介质板相对介电常数。

　　微带线的宽度 w 可以根据阻抗计算公式(2-32)求得:

$$\frac{w}{h} = \begin{cases} \dfrac{8e^A}{e^{2A} - 2}, & \dfrac{w}{h} \leqslant 2 \\[2mm] \dfrac{2}{\pi}\left[B - 1 - \ln(2B - 1)\right] + \dfrac{\varepsilon_r + 1}{\pi \varepsilon_r}\left[\ln(B - 1) + 0.39 - \dfrac{0.61}{\varepsilon_r}\right], & \dfrac{w}{h} \geqslant 2 \end{cases} \tag{2-32}$$

式中,

$$A = \frac{Z_0}{60} \sqrt{\frac{\varepsilon_r + 1}{2}} + \frac{\varepsilon_r - 1}{\varepsilon_r + 1}\left(0.23 + \frac{0.11}{\varepsilon_r}\right) \tag{2-33}$$

$$B = \frac{120\pi^2}{2Z_0\sqrt{\varepsilon_r}} \qquad (2\text{-}34)$$

Z_0 为微带线的特性阻抗。因此,当 SIW 结构的宽度和厚度确定后,由式(2-31)求得结构阻抗 Z_e;由式(2-32)~(2-34),令 $Z_e = Z_0$,可以求得渐变微带线一端宽度 w_s;另外一端宽度 w 为特性阻抗 50 Ω 对应的结果,由式(2-32)也可以计算得出。锥形微带线两端的宽度确定后,最后根据阻抗变换公式确定锥形微带线的长度,也可以采用仿真优化得到最优的传输曲线确定该长度。

上述方法为一般的 SIW-微带线转换结构设计方法,除此之外,还有 SIW 渐变结构、指数型微带渐变线结构等过渡结构,设计方法基本类似。

(2) HMSIW 结构

SIW 结构已广泛应用于平面漏波天线设计中。然而,与其他平面传输线相比,当工作频率降低时,SIW 的尺寸偏大。为了减小 SIW 的尺寸,实现 SIW 电路的紧凑性,洪伟教授课题组提出半模 SIW(Half Mode Substrate Integrated Waveguide,HMSIW)的概念,它是通过沿中心线虚拟磁壁对分 SIW 而形成的。HMSIW 保留了原始 SIW 的场分布和其他的所有优势,尺寸仅为原始 SIW 的一半大小,如图 2-13 所示。

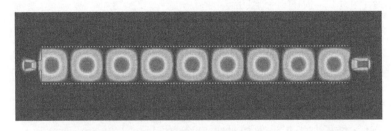

(a) SIW TE$_{10}$ 模

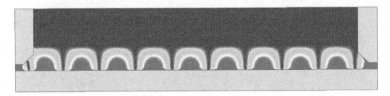

(b) 半模 SIW

图 2-13　SIW 与 HMSIW 的场分布对比图

(3) PRGW 结构

2009 年,查尔姆斯理工大学 Per-Simon Kildal 教授提出了一种新型的波导结构——脊间隙波导(Ridge Gap Waveguide,RGW)。RGW 是一种平行板结构,通过在二维金属方钉阵列中加入金属脊结构来实现。金属方钉作为电磁带隙结构与金属脊构成软硬表面,使电磁波只能沿脊的方向进行传播,其他无用方向上的耗散被消除,天线的增益得到改善。电磁波在金属脊和上层金属板中间的空气缝隙中传播。因为传播的介质是空气,所以介质损耗也得到降低。如今金属化过孔的技术越来越成熟,脊间隙波导可以集成到印制电路板中,构成印制脊间隙波导(Printed Ridge Gap Waveguide,PRGW)。在 PRGW 中,脊和电磁带隙结构由金属贴片和金属化过孔组成,如图 2-14 所示。PRGW 在保持原本 RGW 的优点的同时,具有结构紧凑、质量轻、成本低、易于集成等优点,应用前景更广泛。

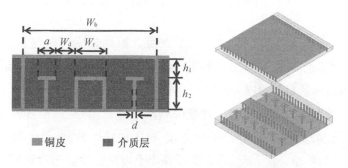

图 2-14　印制脊间隙波导(PRGW)结构示意图

（4）AFSIW 结构

由于 SIW 结构中介质的存在,因此依然存在介质损耗,当工作在高频段时(Ka 波段甚至以上),这个损耗已不可忽略。为了减小这部分介质损耗,法国格勒诺布尔理工学院 T. P. Vuong 教授课题组提出了空气填充的 SIW(Air-filled SIW,AFSIW),并对截止频率、传输损耗、功率容量都做了详细的分析,且进行了实验验证。如图 2-15 所示,AFSIW 结构可通过多层 PCB 工艺实现,由三层介质板构成,上层和下层介质板保留金属覆层作为平行金属板,中间层挖去部分介质构成空气腔,空气腔两侧为两排金属化过孔构成侧壁,上下两层介质板仅作为 AFSIW 的上下导体边界。

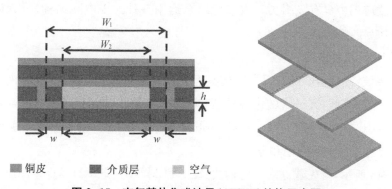

图 2-15　空气基片集成波导(AFSIW)结构示意图

SIW 结构传输损耗主要由介质损耗、导体损耗和表面粗糙程度三部分决定,如式(2-35)所示:

$$\alpha = \alpha_d + \alpha_c \cdot K \tag{2-35}$$

式中,α 表示总的损耗衰减;α_d 为介质损耗衰减;α_c 为导体损耗衰减;K 为导体表面粗糙程度系数。SIW 结构和矩形波导结构类似,工作在基模 TE_{10} 模时,介质损耗衰减 α_d 和导

体损耗衰减 α_c 的计算可以参考矩形波导。导体表面粗糙程度系数 K，可由经验公式 (2-36)得出：

$$K = 1 + \frac{2}{\pi}\arctan\left[1.4\left(\frac{\Delta}{\delta}\right)^2\right] \qquad (2-36)$$

式中，Δ 为导体表面粗糙程度方差；δ 为趋肤深度。根据式(2-36)，当工作频率很低接近直流时，K 的取值接近 1；当工作频率很高时，K 的取值接近 2。介质填充的 SIW 需要考虑介质板铜箔内表面的粗糙程度，而 AFSIW 则需要考虑上下层介质板铜箔的外表面粗糙程度。一般介质板铜箔的内表面粗糙程度会略高于外表面，且铜箔外表面暴露在外可以进一步做磨平处理，因此 AFSIW 在导体损耗方面对比介质填充的 SIW 更有优势。AFSIW 将空气作为传输介质，显然其介质损耗小于传统介质填充的 SIW 结构。综合以上两点，AFSIW 对比传统介质填充的 SIW 具有更低的传输损耗。

SIW、HMSIW、PRGW 以及 AFSIW 等结构为设计平面漏波天线提供了更多的选择方案。后面的章节将基于这几种结构展开漏波天线模型分析和设计。

2.3　新型人工电磁结构技术

相比于传统传输线的线性传输特性，新型人工电磁结构，如 CRLH TL、SSPP 结构等具有特殊的非线性传输特性，能够不受传统传输结构整奇数倍半波长的物理尺寸限制，在平面漏波天线应用中具有吸引力。有效地综合运用各种人工电磁结构，可为设计高性能漏波天线提供崭新的方案。

（1）CRLH TL 结构

相比于传统传输线，CRLH TL 结构具有后向移相和非线性移相特性。采用 CRLH TL 结构设计漏波天线，其最大的优势是其非线性色散特性，同时该结构还具有频带宽、结构紧凑以及易于加工等特点。2004 年，Itoh 教授和 Eleftheriades 教授分别出版专著对 CRLH TL 进行了详细的阐述和分析。

如图 2-16 所示，首先建立右手传输线(RH TL)模型。把 RH TL 分割成无数段无穷短的线段并由分布参量描述，则在微观上 RH TL 遵循基尔霍夫定律。RH TL 单元可等效成串联电感 L_R 和并联电容 C_R 的级联集总电路，等效电路如图 2-16(a)所示。

串联电路阻抗为 $Z_R = j\omega L_R$，并联电路导纳为 $Y_R = j\omega C_R$，电报方程为

$$\begin{cases} \dfrac{\partial U}{\partial z} = -Z_R I \\[2mm] \dfrac{\partial I}{\partial z} = -Y_R U \end{cases} \qquad (2-37)$$

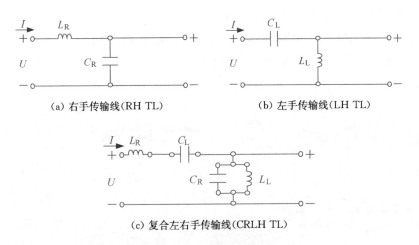

(a) 右手传输线(RH TL)　　　　(b) 左手传输线(LH TL)

(c) 复合左右手传输线(CRLH TL)

图 2-16　广义传输线等效电路

我们知道,TEM 波(沿 $+z$ 方向传播的 x 方向极化电磁波)的电场矢量、磁场矢量与传播矢量在均匀各向同性的右手媒质中传播时彼此相互正交。根据 Maxwell 方程组,场表达式可以写成

$$\begin{cases} \dfrac{\partial E_x}{\partial z} = -\mathrm{j}\omega\mu_0\mu_{\mathrm{eff}}H_y \\[3mm] \dfrac{\partial H_y}{\partial z} = -\mathrm{j}\omega\varepsilon_0\varepsilon_{\mathrm{eff}}E_x \end{cases} \qquad (2\text{-}38)$$

将两式进行对比,电路的电报方程与电磁场的波动方程的差分形式完全相同,可见电压波在 RH TL 上的传播特性与电磁波在右手媒质中的传播特性是相同的,认为二者是等价的。因此,右手介质中电磁波的传播特性可以利用 RH TL 上电压波的传播特性进行等效,并且通过传输线的等效媒质参数来研究右手媒质的电磁特性。RH TL 的等效磁导率和介电常数分别写成

$$\begin{cases} \mu_{\mathrm{eff}} = \dfrac{Z_{\mathrm{R}}}{\mathrm{j}\omega\mu_0} = \dfrac{L_{\mathrm{R}}}{\mu_0} > 0 \\[3mm] \varepsilon_{\mathrm{eff}} = \dfrac{Y_{\mathrm{R}}}{\mathrm{j}\omega\varepsilon_0} = \dfrac{C_{\mathrm{R}}}{\varepsilon_0} > 0 \end{cases} \qquad (2\text{-}39)$$

根据对偶原理,将 RH TL 等效电路中的串联阻抗和并联导纳交换位置,得到如图 2-16(b) 所示的 LH TL 等效电路。其中串联电路阻抗为 $Z_{\mathrm{L}} = 1/\mathrm{j}\omega C_{\mathrm{L}}$,并联电路导纳为 $Y_{\mathrm{L}} = 1/\mathrm{j}\omega L_{\mathrm{L}}$,根据电报方程与波动方程的等效性,可得左手媒质的等效媒质参数为

$$\begin{cases} \mu_{\mathrm{eff}} = \dfrac{Z_{\mathrm{L}}}{\mathrm{j}\omega\mu_0} = -\dfrac{1}{\omega^2\mu_0 C_{\mathrm{L}}} < 0 \\[3mm] \varepsilon_{\mathrm{eff}} = \dfrac{Y_{\mathrm{L}}}{\mathrm{j}\omega\varepsilon_0} = -\dfrac{1}{\omega^2\varepsilon_0 L_{\mathrm{L}}} < 0 \end{cases} \qquad (2\text{-}40)$$

可见左手媒质的等效磁导率和介电常数均为负。

实际上理想的 LH TL 在物理上是不存在的,因为在实际的 LH TL 中,不可避免地会存在 RH TL 的寄生效应(串联电感和并联电容),这就是 CRLH TL,如图 2-16(c)所示。此时串联电路阻抗和并联电路导纳分别为

$$\begin{cases} Z = Z_R + Z_L = j\omega L_R + \dfrac{1}{j\omega C_L} \\ Y = Y_R + Y_L = j\omega C_R + \dfrac{1}{j\omega L_L} \end{cases} \tag{2-41}$$

等效媒质的等效电磁参数为

$$\begin{cases} \mu_{eff} = \dfrac{Z}{j\omega\mu_0} = \left(L_R - \dfrac{1}{\omega^2 C_L} \right) \Big/ \mu_0 \\ \varepsilon_{eff} = \dfrac{Y}{j\omega\varepsilon_0} = \left(C_R - \dfrac{1}{\omega^2 L_L} \right) \Big/ \varepsilon_0 \end{cases} \tag{2-42}$$

根据式(2-42),可以得到如下结论:

① 由串联电感 L_R 和串联电容 C_L 组成的串联谐振回路决定了等效磁导率 μ_{eff} 随频率的变化趋势;而由并联电容 C_R 和并联电感 L_L 组成的并联谐振回路决定了等效介电常数 ε_{eff} 随频率的变化趋势。

② 若令串联谐振频率为 $\omega_{se} = 1/(C_L L_R)^{1/2}$,并联谐振频率为 $\omega_{sh} = 1/(C_R L_L)^{1/2}$,则在两个谐振频点上分别对应于 $\mu_{eff} = 0$ 和 $\varepsilon_{eff} = 0$。当 $\omega < \omega_{se}$ 时, $\mu_{eff} < 0$,而当 $\omega > \omega_{se}$ 时, $\mu_{eff} > 0$;相应地,当 $\omega < \omega_{sh}$ 时, $\varepsilon_{eff} < 0$,而当 $\omega > \omega_{sh}$ 时, $\varepsilon_{eff} > 0$。

③ 当 $\omega < \min(\omega_{sh}, \omega_{se})$ 时, μ_{eff} 和 ε_{eff} 同时为负,CRLH TL 在该频段可以看作等效左手材料;当 $\min(\omega_{sh}, \omega_{se}) < \omega < \max(\omega_{sh}, \omega_{se})$ 时, μ_{eff} 和 ε_{eff} 二者之一为负,此时 CRLH TL 可以看作单负材料;而当 $\omega > \max(\omega_{sh}, \omega_{se})$ 时, μ_{eff} 和 ε_{eff} 同时为正,CRLH TL 在该频段可以看作等效右手材料。

④ 根据 ω_{se} 和 ω_{sh} 的大小关系可以将 CRLH TL 结构分为两种状态:当 $\omega_{sh} \neq \omega_{se}$ 时为非平衡状态(unbalanced case),随着频率的上升,CRLH TL 等效媒质从左手媒质先过渡到单负媒质,再过渡到右手媒质;当 $\omega_{sh} = \omega_{se}$(此时 $L_R C_L = L_L C_R$)时,随着频率的上升,CRLH TL 等效媒质从左手媒质直接过渡到右手媒质,中间不出现单负媒质,这种情况称为平衡状态(balanced case)。

特别地,我们分析 CRLH TL 的色散特性,对电报方程进行二阶微分,可得到

$$\frac{d^2 U}{dz^2} - \gamma^2 U = 0 \tag{2-43}$$

其中传播常数

$$\gamma^2 = -\left(\omega L_R - \frac{1}{\omega C_L}\right)\left(\omega C_R - \frac{1}{\omega L_L}\right) \tag{2-44}$$

定义变量 $\omega_R = 1/\sqrt{L_R C_R}$ 和 $\omega_L = 1/\sqrt{L_L C_L}$ 分别为纯右手和纯左手传输线的谐振频率,则可得

$$\gamma = js(\omega)\sqrt{\left(\frac{\omega}{\omega_R}\right)^2 + \left(\frac{\omega_L}{\omega}\right)^2 - \left(\frac{L_R}{L_L} + \frac{C_R}{C_L}\right)} \tag{2-45}$$

其中 $s(\omega)$ 是符号函数,即

$$s(\omega) = \begin{cases} -1, & \text{当 } \omega < \min(\omega_{se}, \omega_{sh}) \\ +1, & \text{当 } \omega > \max(\omega_{se}, \omega_{sh}) \end{cases} \tag{2-46}$$

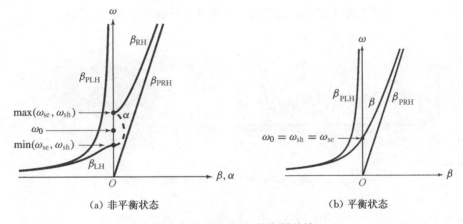

(a) 非平衡状态　　　　　　　　　(b) 平衡状态

图 2-17　CRLH TL 的色散特性

在非平衡条件下,CRLH TL 的色散特性如图 2-17(a)所示,传输线的传输特性分析如下:

① 当 $\omega < \min(\omega_{sh}, \omega_{se})$ 时,$\gamma = -j\sqrt{\left(\frac{\omega}{\omega_R}\right)^2 + \left(\frac{\omega_L}{\omega}\right)^2 - \left(\frac{L_R}{L_L} + \frac{C_R}{C_L}\right)} = j\beta$,则 $\alpha = 0$,

$\beta = -\sqrt{\left(\frac{\omega}{\omega_R}\right)^2 + \left(\frac{\omega_L}{\omega}\right)^2 - \left(\frac{L_R}{L_L} + \frac{C_R}{C_L}\right)} < 0$,为左手传输特性,相位超前。

② 当 $\min(\omega_{sh}, \omega_{se}) < \omega < \max(\omega_{sh}, \omega_{se})$ 时,$\alpha = \sqrt{\left(\frac{L_R}{L_L} + \frac{C_R}{C_L}\right) - \left(\frac{\omega}{\omega_R}\right)^2 - \left(\frac{\omega_L}{\omega}\right)^2}$,

$\beta = 0$。 CRLH TL 为单负传输线,电磁波不能传输,具有阻带特性,α 对应于图 2-17 中的虚线。

③ 当 $\omega > \max(\omega_{sh}, \omega_{se})$ 时,$\alpha = 0$,$\beta = \sqrt{\left(\frac{\omega}{\omega_R}\right)^2 + \left(\frac{\omega_L}{\omega}\right)^2 - \left(\frac{L_R}{L_L} + \frac{C_R}{C_L}\right)} > 0$,为右手传输特性,相位滞后。

对于平衡状态,如图 2-17(b)所示,因为 $\omega_{sh}=\omega_{se}$,所以 $\gamma=-j(\omega/\omega_R-\omega_L/\omega)=j\beta$,$\beta=\beta_R+\beta_L$。因此,平衡状态下 CRLH TL 的相移常数为纯 LH TL 的相移常数与纯 RH TL 的相移常数之和。在平衡频率点处,$\omega_0=\omega_{sh}=\omega_{se}$,$\beta=0$。所以平衡点处的相移将恒为 0。

从表达式和曲线图均可以看出 CRLH TL 的相移特性为非线性,相比于线性移相的 RH TL,非线性移相特性在设计新型漏波天线中具有十分诱人的利用价值。

(2) SSPP 结构

① 表面等离子体激元(SPP)

表面等离子体激元(Surface Plasmon Polaritons,SPP)是由金属表面自由电子与光子发生相干集体振荡并沿着金属-介质交界面传播的电磁波。如图 2-18 所示,SPP 的形成往往会引起电子密度在金属内外两侧的重新分布,从而产生电场。这种电磁波涉及亚波长尺度上的光辐射控制,即操纵 SPP。SPP 是在光学和红外频率范围内发现的独特电磁波,由于金属的负介电常数特性,该波的振幅在垂直于界面的方向呈指数衰减。

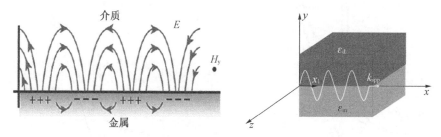

图 2-18　两种材料(电介质金属)界面处的 SPP 波

在金属表面存在大量自由电子,会产生特殊的介电响应,可由 Drude 模型描述:

$$\varepsilon_m=1-\left(\frac{\omega_p^2}{\omega^2+j\gamma\omega}\right) \tag{2-47}$$

式中,ω_p 是等离子体频率;γ 是电子的散射率。只要金属的介电响应为负,光就可以以 SPP 表面波的形式传输。

SPP 与金属表面传导电子相互作用,其电磁场可由麦克斯韦方程组的解和介质中的相关边界条件获得。如图 2-18 所示,介质中麦克斯韦方程组的解在 x 方向上是波浪状的,其振幅随着从界面 $y=0$ 到介质的距离的增加而呈指数衰减,可以写成如下形式:

在 $y>0$ 区域,

$$H(x,t)=(0,C,0)e^{jkx_1-k_3^{(d)}y-j\omega t} \tag{2-48}$$

$$E(x,t)=-C\frac{c}{j\omega\varepsilon_d}(k_3^{(d)},0,jk)e^{jkx_1-k_3^{(d)}y-j\omega t} \tag{2-49}$$

在 $y<0$ 区域,

$$H(x, t) = (0, D, 0)e^{jkx_1 - k_3^{(m)} y - j\omega t} \tag{2-50}$$

$$E(x, t) = -D \frac{c}{j\omega\varepsilon_m}(k_3^{(m)}, 0, jk)e^{jkx_1 - k_3^{(m)} y - j\omega t} \tag{2-51}$$

式中，k 为电磁波波数；x 为传播方向的坐标值；$k_3^{(d, m)}$ 用于确定电磁场随距表面距离的增加而衰减。

$$k_3^{(d)} = \sqrt{k^2 - \varepsilon_d \left(\frac{\omega}{c}\right)^2} \tag{2-52}$$

$$k_3^{(m)} = \sqrt{k^2 - \varepsilon_m \left(\frac{\omega}{c}\right)^2} \tag{2-53}$$

式中，$k_3^{(d, m)}$ 的实部必须为正，因此方程(2-48)～(2-51)描述的电磁波局限于在 $y=0$ 的电介质-金属界面。$y=0$ 处的边界条件产生一对方程：

$$C = D, \quad C \frac{k_3^{(d)}}{\varepsilon_d} = -D \frac{k_3^{(m)}}{\varepsilon_m} \tag{2-54}$$

该方程组具有非奇异解，提供了 TM 极化波频率 ω 与其波数之间的色散关系：

$$\frac{k_3^{(m)}}{k_3^{(d)}} = -\frac{\varepsilon_m}{\varepsilon_d} \tag{2-55}$$

如果假设金属的介电函数响应 ε_m 为实数，那么按照方程(2-48)～(2-51)描述表面电磁波，$k_3^{(d, m)}$ 必须为正实数。为了达到这一目的，因表面波的存在，金属的 ε_m 必须为负。SPP 表面电磁波的场矢量是由方程(2-48)～(2-51)给出的，且 $C=D$，其频率由色散关系方程(2-55)计算得出，其产生以下色散关系：

$$k_{spp} = \frac{\omega}{c} \sqrt{\frac{\varepsilon_m \varepsilon_d}{\varepsilon_m + \varepsilon_d}} \tag{2-56}$$

式中，ε_d 是电介质的介电常数。为了使 k_{spp} 为实数，需使 $\varepsilon_m + \varepsilon_d < 0$，因此 $\omega < \omega_{spp}$。

　　SPP 的特征仅对可见光和近红外场的光学频率有效。在光学频率范围内，SPP 可以被严格限制在电介质中波长量级的距离内，这比金属中的波长小得多。但在微波和太赫兹频率下，简单的金属表面结构无法支持 SPP 表面波，这意味着 SPP 模式无法在微波或太赫兹波长下在金属-电介质界面激发和支持，因为金属在这些频率下表现为完美导电体(PEC)。因此，为了在低频区找到类似的特征，等离子体超材料应运而生，即伪表面等离子体激元(Spoof Surface Plasmon Polaritons，SSPP)。

　　② 伪表面等离子体激元(SSPP)

　　SSPP 是频率超出 SPP 范围(光学频率)的束缚电磁波，模仿 SPP 在周期性波纹金属表面上传播。第一次 SSPP 实验演示是利用周期性排列的空心铜管实现的。事实上，金属表面支持的电磁表面波覆盖了微波到可见光的范围。当在金属表面钻有亚波长的孔和槽时,会在微波和太赫兹频率下产生场约束。

为了在较低频率下设计 SPP,Pendry 等人提出了一种波纹状 SPP 超材料,它支持 SPP 样的束缚表面模式,称为 SSPP。他们分析了两个案例:一维槽阵列和二维孔阵列。在这两种情况下,他们发现这些结构支持表面束缚态,并且这些模式的色散与真实金属的 SPP 模式的色散有很大的相似性。这种超材料的主要优点是:通过在金属表面刻蚀亚波长孔或凹槽,可以随意调节色散,以 SSPP 的形式引导和操纵电磁波。Pendry 等人已经证明,即使是完美导体,只要其表面呈周期性波纹状,也可以实现 SSPP。如果波纹的大小和间距远小于波长 λ_0,那么表面的光子响应可以用等离子体形式的有效介质介电函数 $\varepsilon(\omega)$ 来描述,ω_p 由几何形状决定。因此,表面模式的色散关系可以通过表面的几何结构来设计,从而允许对特定频率进行调控。

在理想导体的条件下,波纹金属结构的色散方程可描述为:

$$k_x = k_0 \sqrt{1 + \left(\frac{a^2}{p^2}\right) \tan^2(k_0 h)} \tag{2-57}$$

方程(2-57)表示传播常数与 SSPP 几何参数之间的关系。可以观察到,随着沟槽高度 h 的增加,SSPP 的传播常数大于自由传播常数 k_0,这意味着 SSPP 模的传播速度比光速慢,沿波纹金属表面对电磁波的束缚也更紧密。图 2-19 给出了 SSPP 周期性波纹金属表面结构图和单元色散曲线。

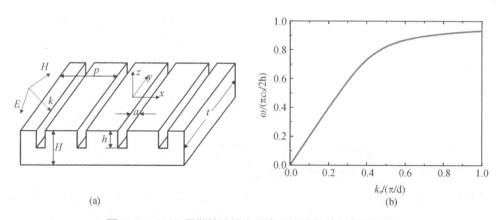

图 2-19　SSPP 周期性波纹金属表面结构和单元色散曲线

SSPP 结构属于人工电磁结构的一个分支,其拥有很强的场约束性,使得传播常数大于自由空间波数,形成慢波性质。SSPP 结构相较于 CRLH TL 结构,在保证非线性相移的前提下,拥有更为简单的结构,如图 2-20 所示为一种典型的 SSPP 传输结构微带实现形式。它是由微带线和连接在微带线一侧的周期排列的金属短截线构成的。为了达到更好的阻抗匹配效果,微带传输线的宽度被设定为 $w_s = 1.5 \text{ mm}$。金属条带的宽度和长度参数

分别设为 a 和 h_1。SSPP 结构的单元周期长度设为 p，结构基于厚度为 0.508 mm 的 F4BM（相对介电常数 $\varepsilon_r = 2.2$，损耗角正切 $\tan\delta = 0.001$）介质板设计。SSPP 慢波传输线的传输特性仿真结果如图 2-21 所示。通过仿真我们可以发现，传输线的工作频率可以通过调整金属条带的长度来改变，图中金属条带的长度 h_1 设置为 3 mm。结果表明，该 SSPP 慢波传输线结构在 6~15.6 GHz 频率范围具有良好的传输特性。

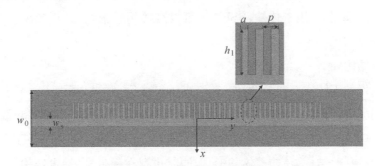

图 2-20　SSPP 结构微带实现形式

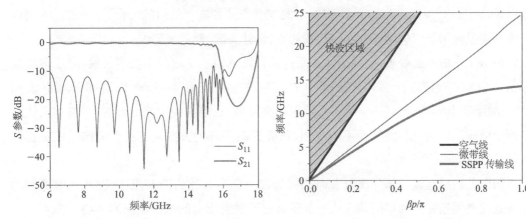

图 2-21　传统 SSPP 传输线的传输特性　　　　**图 2-22　不同传输线结构的色散特性曲线**

SSPP 慢波传输线通常被用作频扫天线的馈电结构，通过增加相邻两个辐射单元之间的相位差来提高天线的波束扫描范围。对微带线和 SSPP 传输线的色散特性曲线仿真结果进行了比较，如图 2-22 所示。相关参数值设置为：介质板宽度 $w_0 = 11$ mm，微带线宽度 $w_s = 1.5$ mm，金属条带宽度 $a = 0.5$ mm，长度 $h_1 = 3$ mm，结构周期长度 $p = 1$ mm。

由图 2-22 可以看出，两种传输线结构的色散特性都处于慢波区，即 β 大于 k_0（k_0 表示电磁波在真空中的传播常数，β 是在结构中的传播常数）。结果表明，在截止频率以内，电磁波在两种结构中都具有良好的传输特性，对应的辐射性能较差，而且与微带线相比，SSPP 传输线结构具有更好的色散相移特性。根据漏波天线波束扫描原理：

$$\Delta\varphi = \beta L \tag{2-58}$$

$$\theta_{\mathrm{m}} = \arcsin\left(\frac{\Delta\varphi}{k_0 d}\right) \qquad (2\text{-}59)$$

式中，L 和 d 分别是两个天线辐射单元之间的传输线长度和实际的物理距离；$\Delta\varphi$ 是相邻辐射单元之间的相位差；θ_{m} 是天线辐射波束和法向的夹角。因此，采用色散特性更好的传输线对相邻的辐射单元进行馈电，可以获得更大的相位差，从而提高天线的波束扫描范围。值得一提的是，除了用于传输，SSPP 也可以直接用于辐射，实现紧凑型漏波天线，我们将在后文中介绍。

（3）PRS 结构

传统的高增益天线主要包括两种：基于光学射线原理的口径面天线和基于干涉和叠加原理的阵列天线。空馈类的口径面天线通常具有辐射效率高、频带宽和馈电简单的优点，但是由于其非平面的三维结构，不仅天线体积大，且安装复杂。而平面印刷的阵列天线具有低剖面的平面结构，易与载体共形，但同时也存在频带窄、馈电结构复杂、不可避免的耦合问题、辐射效率低等缺点。基于以上两者的优点，规避缺点，法布里-珀罗谐振腔天线（Fabry-Perot Cavity Antenna，FPCA）是空馈方式和阵列结构的结合，是一种高方向性的空馈类平面天线，其具有馈电简单、损耗小、设计灵活、低剖面等优点。

FPRA 是由反射盖板、空气层与金属地三者构成的半开放的谐振腔天线，处于谐振频率的入射波全透射，而偏离谐振频率的入射波会被反射盖板，亦称为部分反射表面（Partially Reflective Surface，PRS），反射回金属地，在谐振腔中来回反射，最终在天线外表面上电磁波得到同相叠加而不断加强，从而提高天线的方向性。提高方向性的关键组成部分就是 PRS 周期性结构。

FPRA 的接地板与部分反射表面共同构成一个半开放的谐振腔，电磁波在谐振腔的上下表面来回振荡。为了使每次从部分反射表面透射出去的电磁波能同相叠加而不断加强，电磁波在谐振腔内往返一次的相移应为 2π 的整数倍。假设电磁波在接地板和 PRS 上的反射相位分别为 φ_1 和 φ_2，谐振腔的高度即接地板与部分反射表面间的距离为 D，则谐振腔的谐振条件为：

$$-4\pi D/\lambda + \varphi_1 + \varphi_2 = 2\pi N, \ N = 0, 1, 2, \cdots \qquad (2\text{-}60)$$

对上式进行适当变换后可得到谐振腔的谐振频率：

$$f = \left(\frac{\varphi_1 + \varphi_2}{2\pi} - N\right) \cdot c/2D, \ N = 0, 1, 2, \cdots \qquad (2\text{-}61)$$

式中，c 为光速。由式（2-61）可见谐振频率 f 取决于反射相位 φ_1 和 φ_2 及谐振腔的高度 D。通常 $\varphi_1 = \pi$，$\varphi_2 \approx \pi$，若 $N=0$，则 $f = c/2D$，即在基模的情况下谐振腔高度为半谐振波长。利用谐振腔模型可以准确地判断 FPRA 的谐振频率。PRS 的反射系数对功率的传输系数有很大影响,反射相位发生变化时谐振条件也会相应改变。有时为了降低剖面,也会采用人工磁导体(Artificial Magnetic Conductor, AMC)等周期性结构作为反射地,不再受半谐振波长的限制。

通过构造具有正斜率的反射相位频率响应的 PRS 或者降低 PRS 的反射相位频率响应曲线的斜率,可以削弱谐振腔对工作频率的敏感性,改善谐振条件,有效提高辐射增益,展宽增益带宽。漏波天线天然具有辐射效率低的缺点,PRS 对提升漏波天线增益效率具有重要的理论和应用价值,我们将在后文中进行详细介绍。

参考文献

［1］Hansen W W. Radiating electromagnetic waveguide［P］. U. S. Pat. 2402622, 1940.

［2］Goldstone L O, Oliner A A. Leaky-wave antennas Ⅰ: Rectangular waveguides［J］. IRE Trans. Antennas Propagat. , 1959, 7(4): 307-319.

［3］Oliner A A, Jackson D R, Leaky-wave antennas［M］//Volakis J L (Ed.). Antenna Engineering Handbook, 4th ed. , New York: McGraw-Hill, 2007.

［4］Schwering F K, Peng S T. Design of dielectric grating antennas for millimeter-wave applications［J］. IEEE Transactions on Microwave Theory and Techniques, 1983, 31(2): 199-209.

［5］James J R, Hall P S. Microstrip antennas and arrays. Part 2: New array-design technique［J］. IEE Journal on Microwaves, Optics and Acoustics, 1977, 1(5): 175.

［6］Solbach K, Adelseck B. Dielectric image line leaky wave antenna for broadside radiation［J］. Electronics Letters, 1983, 19(16): 640.

［7］Das B N, Prasad K V S V R, Rao K V S. Excitation of waveguide by stripline- and microstrip-line-fed slots［J］. IEEE Transactions on Microwave Theory and Techniques, 1986, 34(3): 321-327.

［8］Grabherr W, Huder W G B, Menzel W. Microstrip to waveguide transition compatible with MM-wave integrated circuits［J］. IEEE Transactions on Microwave Theory and Techniques, 1994, 42 (9): 1842-1843.

［9］Ho T Q, Shih Y C, Shih Y C. Spectral-domain analysis of E-plane waveguide to microstrip transitions［J］. IEEE Transactions on Microwave Theory and Techniques, 1989, 37(2): 388-392.

［10］Lavedan L J. Design of waveguide-to-microstrip transitions specially suited to millimetre-wave applications［J］. Electronics Letters, 1977, 13(20): 604.

［11］Hong W, Liu B, Wang Y Q, et al. Half mode substrate integrated waveguide: A new guided wave structure for microwave and millimeter wave application［C］//2006 Joint 31st International Conference on Infrared Millimeter Waves and 14th International Conference on Terahertz Electronics. Shanghai, China. IEEE: 219.

［12］Lai Q H, Fumeaux C, Hong W, et al. Characterization of the propagation properties of the half-mode substrate integrated waveguide［J］. IEEE Transactions on Microwave Theory and Techniques,

2009, 57(8): 1996-2004.

[13] Kildal P S, Alfonso E, Valero-Nogueira A, et al. Local metamaterial-based waveguides in gaps between parallel metal plates[J]. IEEE Antennas and Wireless Propagation Letters, 2009, 8: 84-87.

[14] Alfonso E, Baquero M, Kildal P S, et al. Design of microwave circuits in ridge-gap waveguide technology[C]//2010 IEEE MTT-S International Microwave Symposium. Anaheim, CA, USA. IEEE: 1544-1547.

[15] Kildal P S, Zaman A U, Rajo-Iglesias E, et al. Design and experimental verification of ridge gap waveguide in bed of nails for parallel-plate mode suppression[J]. IET Microwaves, Antennas & Propagation, 2011, 5(3): 262.

[16] Rajo-Iglesias E, Kildal P S. Numerical studies of bandwidth of parallel-plate cut-off realised by a bed of nails, corrugations and mushroom-type electromagnetic bandgap for use in gap waveguides[J]. IET Microwaves, Antennas & Propagation, 2011, 5(3): 282.

[17] Al Sharkawy M, Kishk A A. Wideband beam-scanning circularly polarized inclined slots using ridge gap waveguide[J]. IEEE Antennas and Wireless Propagation Letters, 2014, 13: 1187-1190.

[18] Parment F, Ghiotto A, Vuong T P, et al. Air-filled substrate integrated waveguide for low-loss and high power-handling millimeter-wave substrate integrated circuits [J]. IEEE Transactions on Microwave Theory and Techniques, 2015, 63(4): 1228-1238.

[19] Pozar D M. Microwave engineering[M]. 3rd. Danvers: John Wiley & Sons, 2004.

[20] Hammerstad E, Jensen O. Accurate models for microstrip computer-aided design[C]//1980 IEEE MTT-S International Microwave Symposium Digest. Washington, DC, USA. IEEE: 407-409.

[21] Liang T, Hall S, Heck H, et al. A practical method for modeling PCB transmission lines with conductor surface roughness and wideband dielectric properties [C]//2006 IEEE MTT-S International Microwave Symposium Digest. San Francisco, CA, USA. IEEE: 1780-1783.

[22] Baena J D, Bonache J, Martín F, et al. Modified and complementary split ring resonators for metasurface and metamaterial design[C]//Proc. 10th Bianisotropics Conf., Ghent, Belgium, 2004: 168-171.

[23] Baena J D, Bonache J, Martin F, et al. Equivalent-circuit models for split-ring resonators and complementary split-ring resonators coupled to planar transmission lines[J]. IEEE Transactions on Microwave Theory and Techniques, 2005, 53(4): 1451-1461.

[24] Jaiswal R K, Pandit N, Pathak N P. Plasmonic metamaterial-based RF-THz integrated circuits [M]//Nanoelectronics. Amsterdam: Elsevier, 2019: 317-352.

[25] Zayats A V, Smolyaninov I I, Maradudin A A. Nano-optics of surface plasmon polaritons[J]. Physics Reports, 2005, 408(3/4): 131-314.

[26] F J Garcia-Vidal, L Martin-Moreno, J B Pendry. Surfaces with holes in them: new plasmonic metamaterials[J]. J. Opt. A, Pure Appl. Opt., 2005: S97 - S101.

[27] Elliott R. On the theory of corrugated plane surfaces[J]. Transactions of the IREP rofessional Groupon Antennas and Propagation,1954, 2(2):71-81.

[28] S AMaier, S R Andrews, L Martin-Moreno, etal. Terahertz surface plasmon polariton propagation and focusing on periodically corrugated metal wires[J] Phys. Rev. Lett. ,2006,97(176805):1-4.

[29] Q Gan, Z Fu, Y JDing, etal. Ultrawide-bandwidth slow-light system based on THz plasmonic graded metallic grating structures[J]. Phys. Rev. Lett. , 2008, 100(256803): 1-4.

[30] Ma H F, Shen X P, Cheng Q, et al. Broadband and high-efficiency conversion from guided waves to spoof surface plasmon polaritons[J]. Laser & Photonics Reviews, 2014, 8(1): 146-151.

[31] 刘震国. 反射式与透射式印刷阵列天线的研究[D]. 南京：东南大学,2013.

[32] Ge Y H, Esselle K P, Bird T S. The use of simple thin partially reflective surfaces with positive reflection phase gradients to design wideband, low-profile EBG resonator antennas[J]. IEEE Transactions on Antennas and Propagation, 2012, 60(2): 743-750.

第 3 章　平面宽边线极化漏波天线

3.1　引言

宽边辐射可以满足平面天线的主要应用场合,因为宽边辐射口径大,有利于提升天线的有效辐射口径面积。针对线极化周期性漏波天线在波束扫描范围、增益效率以及增益平坦度等方面的不足,本章结合 SIW 技术,采用弯折线、CRLH TL、SSPP 等新型人工电磁结构,进行了多款平面宽边线极化漏波天线设计。

首先,采用具有非线性移相特性的 CRLH TL 结构来增强漏波天线的扫描范围。SIW CRLH TL 被用作传输单元而不是辐射单元。在 Itoh 等提出 CRLH TL 的概念之后,有很多文献报道了许多新颖的具有非线性移相特性的微波器件和天线。然而左右手频段的平衡对于 CRLH TL 的结构尺寸很敏感,使得通过调整 CRLH TL 的结构长度来获得任意相移非常困难。这种状况直到 Lin 等提出一种新颖的紧凑型 CRLH TL 结构才得到改善。基于文献[7]提出的半封闭式 SIW CRLH TL 结构,本章提出了一种修正结构,使得相位斜率达到了 90.2°/GHz,从而大大增强了天线波束扫描范围。与传统的 SIW 漏波天线相比,在不增加天线尺寸的前提下天线波束扫描能力提高了两倍且增益平坦性很好。这部分将在第 3.2 节详细讨论。

其次,基于 FPRA 原理,设计 PRS 结构相位调整栅格层,提高漏波天线增益。PRS 金属周期结构常被用作覆盖层,能大大提高辐射源在轴向的方向性。此外,电磁带隙结构(EBG)、人工磁导体(AMC)和左手材料也被用来增强微波、毫米波天线的性能。特别是,不少学者利用各种结构的色散特性设计具有低剖面特性的紧凑型 FPRA。有不少文献报道使用相位变化的人工电磁结构层实现具有电可重构特性的波束扫描 FPRA。FPRA 一般使用单极子天线、偶极子天线、微带贴片天线和波导口径天线等单元作为馈源,波束扫描特性大部分基于电控结构,既复杂又昂贵。本章采用 SIW 漏波天线而不是小天线作为波束扫描天线的馈源,通过采用弯折结构使波束扫描范围得到了增强,通过加载相位调整栅格层提高了天线增益。这部分将在第 3.3 节详细讨论。

再次,通过引入周期调制 SSPP 结构提升漏波天线的波束扫描范围。文献[30-31]利用周期性的亚波长结构来模拟 SPP 的特性,在微波频段实现了 SSPP。SSPP 作为波束扫描天线的馈电结构,可以获得更宽的波束扫描范围。也有报道通过利用其色散特性来研究提高天线的"扫描速率"(即单位带宽的扫描范围)。在本章中,我们提出了一种高增益、宽频带、宽扫描范围的漏波天线,通过对 SSPP 慢波传输线的轮廓进行周期调制,实现了由后向经法向到前向的连续波束扫描,而不产生较明显的阻带抑制。第 3.4 节给出了天线的理论分析和模型设计。

最后,通过改善漏波天线单元结构提升漏波天线的增益和带宽特性。近年来,磁电偶极子天线凭借其结构简单、阻抗和增益带宽宽、方向图对称以及背向辐射极低等优点,得到广泛研究和应用。本章 3.5 节设计了一款以磁电偶极子结构为基础的平面漏波天线,增强了波束扫描范围和增益平坦度。文献[44]采用平面环状缝隙结构设计了一款宽带低交叉极化的天线,通过中间贴片与周围地之间的短接线实现更好的匹配,阻抗带宽能达到 51%(9~15.17 GHz)。本章 3.6 节利用此天线单元结构的宽阻抗带宽和高增益特性设计了高性能漏波天线。

3.2　设计 1：基于 CRLH TL 的波束扫描范围和增益平坦度增强型的漏波天线

3.2.1　SIW 开槽漏波天线的理论分析

图 3-1(a)给出了传统 SIW 纵向槽阵列漏波天线的正面图。天线一端为馈电输入端口,另一端则加载 50 Ω 匹配负载以保证天线的行波特性。图 3-1(b)给出了两个相邻单元的三维图和正面图。其中 l_{slot} 和 w_{slot} 分别为辐射槽单元的长度和宽度。天线中心工作频率主要取决于槽的尺寸大小。槽与中心线的距离 d_{s} 被用来抵消反射进而获得较好的阻抗匹配。输入端口选择 $Z = 50\ \Omega$,这是因为在测试的时候 SIW 与 50 Ω 微带线的转换要比非 50 Ω 的 SIW 更容易设计一些。

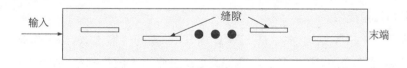

（a）波导简图

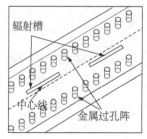 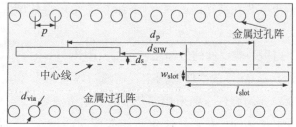

（b）SIW 开槽漏波天线图

图 3-1　SIW 开槽漏波天线

根据文献[9]和[10]，SIW 是由介质基片内打金属过孔线阵实现的。其中，金属过孔的尺寸需满足式(3-1)：

$$\frac{p}{\lambda_0} < \frac{1}{10}, \quad \frac{d_{via}}{p} \geqslant \frac{1}{2} \tag{3-1}$$

式中，λ_0 是工作频率的空气波长；d_{via} 是过孔的直径；p 是两个过孔间的距离。在本设计中，$d_{via} = 0.4 \text{ mm}$，$p = 0.8 \text{ mm}$。采用这种过孔阵结构，SIW 结构在与其他单元集成时边沿耦合将大大降低。

对于每一个天线单元，信号从一端注入，部分能量通过开槽辐射到空气中，剩余的能量流动到下一个单元。在传统设计中，为了获得边射的方向图，天线阵列的单元间距应为一个波导波长以获得同相激励。整个天线的输入阻抗需要得到匹配且同时将功率均匀地分配到所有天线单元。我们知道，当在中心工作频率时，所有槽同相激励，将获得边射方向图。而当工作频率偏离中心频率时，任意相邻槽的相位将存在相位差，这样就会带来波束扫描。根据第 2 章的分析，式(3-2)给出了天线波束和法向的夹角与相邻单元相位差之间的关系：

$$\Delta\theta = \arcsin\frac{\Delta\varphi}{\beta_0 d}, \quad \Delta\varphi = \beta_{SIW} \cdot L \tag{3-2}$$

式中，β_0 是自由空间的传播常数；d 是任意两个相邻槽的物理距离；β_{SIW} 是 SIW 的传播常数；L 是连接任意两个相邻槽之间的 SIW 结构的物理距离。

从式(3-2)可以得到如下推论：

(1) 在一个固定的工作频段，可以通过减小 d 和增大 $\Delta\varphi$ 来增大天线的最大波束扫描角度。

(2) 减小 d 可以通过使用高介电常数的基板来设计 SIW。但是更高的介电常数会导致最大波束扫描角受限。

(3) 对于传统 SIW 结构，β_{SIW} 是 SIW 结构 TE_{10} 模的传播常数，当工作频率和板材一定的时候，β_{SIW} 是不变的，所以增加 L 是提高 $\Delta\varphi$ 进而增大波束扫描角度的唯一方法。线性相移的情况在文献[54]中已经研究过了，主要是在保证半空气波长间隔的前提下通过弯折结构来实现相移增强。因此，波束扫描偏角得到增强是在增大天线尺寸的条件下实现的。

(4) 当引入非线性的传输结构比如 CRLH TL 时，β_{SIW} 不是不变的而是频变的。通过精心设计，可以在不改变任意两个开槽的物理间距 L 和空间间隔 d 的前提下通过调整传播常数 β_{SIW} 来增强任意两个相邻开槽的相差 $\Delta\varphi$。

因为开槽之间的传输线决定了相邻槽间的相差，进而影响波束扫描角。人工电磁结构天线的主要工作是设计一种在一定频段范围内最优的传输线类型。结构单元的传输幅度和相位特性将在下一部分进行讨论。

3.2.2　传输线单元结构分析

基于上一部分的理论分析，为增强 SIW 天线的波束扫描范围，最重要的工作是设计具有非线性相移特性的传输线，比如 CRLH TL 就是一个很好的选择。在本设计中，CRLH TL 用作传输线而不是辐射单元，如图 3-2 所示。设计的 CRLH TL 单元应该在固定的频率范围内（以车载防撞雷达的工作频段 24.25～26.65 GHz 为例），具有良好的传输特性，包括低插损和良好的反射特性。

| SIW
开槽天线单元 | SIW RH TL | SIW
开槽天线单元 | SIW RH TL | …… |

(a) SIW RH TL 的传统类型

| SIW
开槽天线单元 | SIW CRLH TL | SIW
开槽天线单元 | SIW CRLH TL | …… |

(b) SIW CRLH TL 的新类型

图 3-2　SIW 开槽阵列天线简图

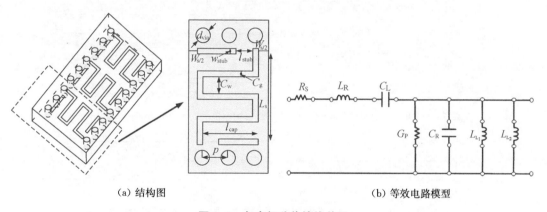

(a) 结构图　　　　　　(b) 等效电路模型

图 3-3　复合相移传输线单元

注：其中 L_{L_1} 和 L_{L_2} 分别代表加载金属条带 $l_{stub} \times w_{stub}$ 和 $W_s \times w_{stub}$ 的电感效应

图 3-3 为设计的 CRLH TL 单元，是由串联交趾电容和两个耦合枝节电感组成。其中枝节电感连接在两排金属过孔阵列上。金属过孔阵列可以看成是金属墙。传输线结构与文献[7]和[8]基本相同，修正之处是在中心条带处 $L_s \times W_s$ 增加了一个额外的枝节 $W_s \times w_{stub}$（而不是槽间隙）。CRLH TL 印刷在厚度为 h_1，相对介电常数为 ε_r，$\tan\delta_1 = 0.018$ 的介质板上。参数 l_{cap}，l_{stub}，w_{stub} 和 W_p 分别表示交趾电容长度、短路枝节的长度和宽度及连接组成金属过孔墙的金属条带的宽度。过孔的取值需满足公式(3-1)的条件。

我们讨论的单元类型可以分为四种类型，如图 3-4 所示：

(1) A 类型，传统的 SIW。

（2）B 类型，文献[45]和[46]提出的交趾槽结构。此类型的结构单元，具有 $L_s \times W_s$ 尺寸的中心条带与两排金属过孔阵列相连，而尺寸为 $l_{stub} \times w_{stub}$ 的短路枝节则不存在，代之以槽缝隙。

（3）C 类型，文献[7]、[8]和[47]提出的 CRLH TL 类型。此类型的结构单元，尺寸为 $l_{stub} \times w_{stub}$ 的短路枝节存在，而尺寸为 $L_s \times W_s$ 的中心条带则与两排金属过孔阵列不相连。

（4）D 类型，如图 3-3 所示的 CRLH TL 结构。此类型的结构单元具有尺寸为 $l_{stub} \times w_{stub}$ 和 $W_s \times w_{stub}$ 的短路枝节。

为了对这四种结构进行比较，我们将四种单元结构参数进行优化，使得其在固定的频率范围 24.25～26.65 GHz 内均为通带，图 3-5 给出了四种传输线单元的传输幅度和相位特性。由图 3-4 和图 3-5 可以得到如下结论：

（1）四种单元结构工作在相同的频段（包含 24.25～26.65 GHz），它们的优化尺寸并不完全相同。为方便比较，级联多个单元以获得几乎相同的尺寸。A、B、D 类型使用 3 个单元，尺寸为 7.65 mm，C 类型使用 4 个单元，尺寸为 7.6 mm。

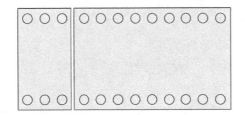

（a）A 类型的一个单元（左）和三个单元（右）

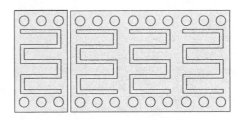

（b）B 类型的一个单元（左）和三个单元（右）

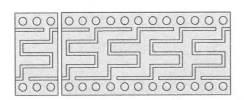

（c）C 类型的一个单元（左）和四个单元（右）

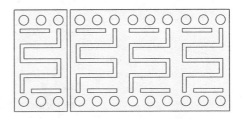

（d）D 类型的一个单元（左）和三个单元（右）

图 3-4　传输线的四种类型

表 3-1　四种传输线类型的参数

	尺寸	相位变化	相位斜率	波动
A 类型	3×2.55 mm	53.8°	22.42°/GHz	无
B 类型	3×2.55 mm	93°	38.75°/GHz	较大
C 类型	4×1.9 mm	119.2°	49.67°/GHz	无
D 类型	3×2.55 mm	216.5°	90.2°/GHz	较小

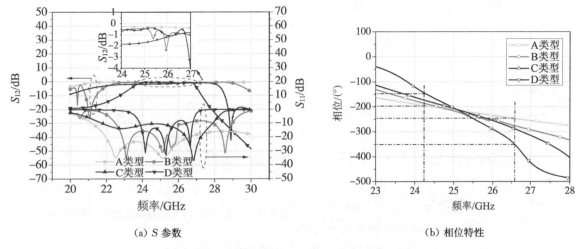

(a) S 参数   (b) 相位特性

图 3-5 四种传输线单元的传输幅度和相位特性

（2）A 类型可以视为一个高通滤波器，高于 TE_{10} 模的频段为通带。尽管在通带内插损很小，但是相位斜率很小，仅为 22.42°/GHz。

（3）B 类型的工作原理在文献[45]中有讨论。尽管通带较宽，但是工作频带范围内存在较大的波动，约为 2.5 dB。这主要是由传输线的非平衡状态引起的。传输线单元结构的左右手频段对 CRLH TL 结构尺寸敏感。当所需的相位变化或者工作频段发生变化时，需要重新设计 CRLH TL 结构。换言之，要想像传统传输线一样，通过调整结构长度来获得任意相移将非常困难。

（4）C 类型是左右手工作频段具有良好平衡性的 CRLH TL 选择结构。中间不存在带隙。由文献[7]分析可知，短路线越长，L_L 越大，通带越宽。然而相位斜率仍然不够大，为 49.67°/GHz。

（5）D 类型是 C 类型的修正结构。单元的等效电路结构如图 3-3(b)所示。左手部分包括串联交趾电容 C_L 和短路到过孔墙的枝节电感 L_L，而右手部分则包括由交趾电容和枝节电感的寄生效应带来的并联电容 C_R 和串联电感 L_R。R_S 和 G_P 代表结构损耗。集总参数可以由 S 参数提取出来。增加的短路条带降低了 L_L，为

$$L_L = 1 / \left(\frac{1}{L_{L_1}} + \frac{1}{L_{L_2}} \right) \tag{3-3}$$

使得通带减少。然而相位斜率却大大增强，提高到 90.2°/GHz，是展宽天线波束扫描范围的理想选择。

四种结构类型在表 3-1 中做了比较，基于上述讨论，设计了两款 SIW 漏波天线。第 3.2.3 部分将对中心频率为 25.45 GHz、工作频段为 2.4 GHz 的传统 SIW 漏波天线和 SIW CRLH TL 漏波天线进行讨论。

3.2.3 SIW CRLH TL 开槽漏波天线

为验证分析,设计了两款开槽漏波天线。图 3-6 为 12 单元的 SIW CRLH TL 开槽漏波天线简图。相比于 12 单元的传统 SIW 开槽漏波天线,该天线的辐射部分相同,但是采用了 CRLH TL 取代 RH TL,如图 3-2 所示。两种传输线单元结构分别由图 3-4(a)和图 3-4(d)给出。所有结构印刷在介电常数为 $\varepsilon_r = 2.2$,$\tan\delta_1 = 0.001$,厚度为 $h = 0.508$ mm 的介质板上。因为辐射部分和传输线部分具有几乎

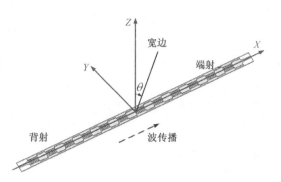

图 3-6　SIW CRLH TL 开槽漏波天线的整体结构图

相同的长度,所以两款天线的物理尺寸几乎一样。设计步骤可分为以下几步:

(1)基于第 3.2.2 部分的方法设计天线的传输线部分。具有良好的通带特性以及较大的相移斜率特性是结构优化的目标。

(2)将传输部分和辐射部分联合仿真。在确定传输部分的基础上,通过调整开槽的尺寸和槽与中心线的距离 d_s 来获得较好的匹配特性。此外,天线阵列越大,单元数越多,匹配特性越好。

(3)输入端口阻抗匹配和输出端口电阻加载也考虑到设计过程中。主要是通过在漏波天线的两端加载渐变微带线。50 Ω 的电阻加载在输出端口,用作外部电路匹配网络。如图 3-6 所示为 SIW CRLH TL 开槽漏波天线的整体结构。

图 3-7 给出了两种天线从 24 GHz 到 27 GHz、步进为 0.5 GHz 的仿真变化方向图。对 24.25 GHz 和 26.65 GHz 的方向图也进行了仿真,为简单起见在图中并未给出。可以看出波束扫描范围从传统天线的 $-6°\sim+6°$ 提高到了 $-14°\sim+12°$。增益波动由传统天线的 6 dB 降到小于 2 dB,从而验证了前文的分析。

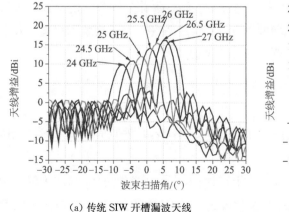

(a) 传统 SIW 开槽漏波天线　　　　(b) SIW CRLH TL 开槽漏波天线

图 3-7　两种天线从 24 GHz 到 27 GHz、步进为 0.5 GHz 的仿真变化方向图

3.2.4　天线测试结果与讨论

如图 3-8 所示,加工制作了天线实物。天线优化尺寸参数如表 3-2 所示。本章提出的 SIW CRLH TL 开槽漏波天线具有 12 个完全一样的结构单元,包括 SIW CRLH TL 部分和开槽辐射部分。图 3-9 给出了天线的测试和仿真 S 参数,可以看出结果吻合较好。测试的 $-10\,\mathrm{dB}$ 反射系数带宽为 23.95 GHz 到 27.725 GHz,覆盖了车载防撞雷达的整个工作频段。插损接近 10 dB 可以看出天线辐射性能较好。

图 3-8　SIW CRLH TL 开槽漏波天线实物图

表 3-2　天线参数　　　　　　　　　　单位：mm

d_s	d	w_slot	l_slot	p	d_via	h_1
0	12.15	0.2	4.6	0.8	0.4	0.508
l_stub	w_stub	C_w	l_cap	L_s	W_s	C_g
0.6	0.1	0.7	1.7	3.3	0.4	0.1

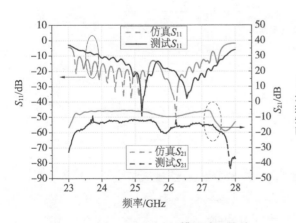

图 3-9　SIW CRLH TL 开槽漏波天线的
测试和仿真 S 参数图

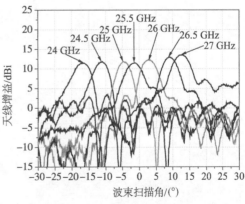

图 3-10　SIW CRLH TL 开槽漏波天线的
测试变化方向图

图 3-10 给出了在暗室测试的天线从 24 GHz 到 27 GHz、步进为 0.5 GHz 的测试变化方向图。结果验证了天线具有频扫特性。相比于图 3-7(b)的仿真方向图,在整个波束扫描范围天线增益大概降低了 1.5 dB,这主要是由 SMA 接头和金属损耗带来的。然

而,修正结构实现了天线增益的平坦性,并且相比于传统的天线,在不增加天线尺寸的条件下,天线的波束扫描角增加了两倍。因此,天线测试结果验证了理论分析和仿真结果。

3.3 设计 2:基于相位调整栅格覆盖层的增益提高型漏波天线

3.3.1 SIW 开槽漏波天线馈电结构

SIW 类的导波结构凭借其在微波、毫米波频段的低剖面、低成本以及易与平面电路集成的优点得到了广泛的应用。天线馈电结构如图 3-11 所示。本书设计了一个具有 16 个槽单元,中心频率为 25.45 GHz,应用于频率调制连续波车载防撞雷达系统中的 SIW 阵列天线。图 3-11(a)为传统 SIW 开槽漏波天线正面图。天线一端为馈电输入端口,另一端则为短路负载以保证天线的行波特性。所有槽均为 45°斜放,可以用于后期的双线极化和圆极化的应用场合。图 3-11(b)给出了单元结构的三维图和正面图。两个金属过孔用来调整反射系数以获得较好的匹配特性。阻抗匹配特性主要取决于开槽的位置和尺寸。

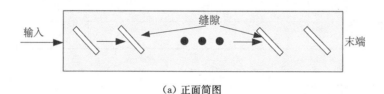

(a) 正面简图

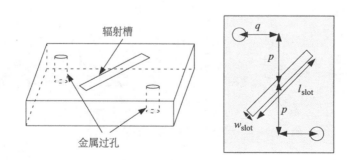

(b) 单元结构的三维图和正面图

图 3-11 SIW 开槽漏波天线

注:其中 p 和 q 是金属探针的位置,l_{slot} 和 w_{slot} 分别表示开槽的长度和宽度。

天线波束和法向的夹角与相邻单元相位差之间的关系如式(3-2)所示。对于传统 SIW 结构,β_{SIW} 是 SIW 结构 TE$_{10}$ 模的传播常数,当工作频率和板材一定的时候,β_{SIW} 是不变的,所以增加 L 是提高 $\Delta\varphi$ 进而增大波束扫描角度的唯一方法。在文献[54]中已经研究了在保证半空气波长间隔的前提下通过弯折结构来实现相移增强。在设计中,信号通过一个开槽与通过其相邻槽的方向是相反的。取值时应该满足 $\Delta\varphi = n \times 180°$, n 为非负奇整数,以保证在中心工作频率方向图为边射。n 越大,最大波束扫描偏角就越大,天线的整体尺寸也将变大。这里我们取 $\Delta\varphi = 540°(n=3)$ 来验证分析。图 3-12(a)为具有弯折结构的 SIW 开槽漏波天线的正面图,图 3-12(b)为 16 元馈电漏波天线在中心工作频率 25.45 GHz 的电场分布。从图中可以看出,三个半波长对应了三个电场强分布中心,从而验证了 $n=3$。随着信号传输到后面的开槽单元中,场强变得越来越弱。这是因为大部分能量在前面的开槽单元中已经辐射出去了,所以当天线单元数已经很大时,再通过增加单元数来提高天线增益的效果很有限。

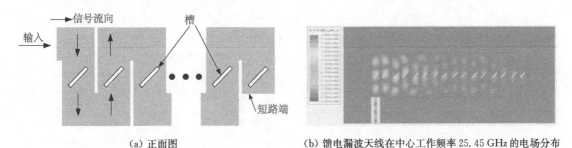

(a) 正面图　　　　　　　(b) 馈电漏波天线在中心工作频率 25.45 GHz 的电场分布

图 3-12　具有弯折结构的 SIW 开槽漏波天线

3.3.2　金属栅格设计

通常 FP 腔天线可以用光学模型进行分析。在给定工作波长 λ_0 (λ_0 为腔体是空气时的自由空间波长)的情况下,FP 腔天线在轴向获得最大辐射方向需满足如下条件:

$$D_{\max} = \frac{1 + |Re^{j\varphi_{prs}}|}{1 - |Re^{j\varphi_{prs}}|} \tag{3-4}$$

式中, $Re^{j\varphi_{prs}}$ 是部分反射表面的复数反射系数。

FP 腔的厚度由下式决定:

$$-\pi + \varphi_{prs} - 4\pi h/\lambda_0 = 2N\pi, \; N = 0, \pm 1, \pm 2, \cdots \tag{3-5}$$

式中, $-\pi$ 是地板的反射相位;φ_{prs} 是部分反射表面的反射相位,通常周期金属表面或网状阵列的反射相位为 $-\pi$,所以腔体的最小厚度为 $\lambda_0/2$。

天线采用开槽漏波天线而不是基本辐射单元作为馈电部分。光学模型可以作为设计的初始原则,但是优化此类天线模型,仅用光学模型准确度有限。我们采用基于有限元法的全波仿真软件 HFSS 进行设计以验证分析。

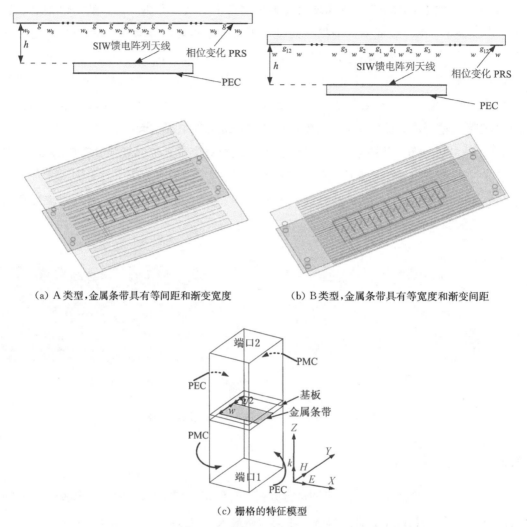

(a) A 类型,金属条带具有等间距和渐变宽度 　　(b) B 类型,金属条带具有等宽度和渐变间距

(c) 栅格的特征模型

图 3-13　由 SIW 漏波天线和相位变化金属栅格组成的天线结构图

　　天线馈电部分在一维(E 面)具有波束扫描功能。我们设计一维渐变结构来增强天线在另一维的辐射特性(H 面),同时并不破坏天线在波束扫描那一维(E 面)的扫描特性。金属栅格覆盖层的金属条带与天线 E 面平行放置。方向图的控制是通过保证其他参数不变而改变平行于天线 H 面(y 方向)的金属栅格的条带间隙 g 或者条带宽度 w 来实现的。如图 3-13 所示为两种天线类型结构图。

　　因为结构的周期性,我们对一个单元进行分析可以获得整个金属栅格的特性。采用如图 3-13(c)所示的波导模型获取结构的传输特性。理想电导体和理想磁导体分别设置在 x 方向和 y 方向构成一个波导模型。为简单起见,只考虑法向入射波的情况,电场极化方向为 x 方向,并采用全波仿真软件 HFSS 来仿真金属栅格。

　　由于馈电阵列部分在尺寸上比栅格覆盖层要小(地板面积也小),可以将栅格覆盖层视为相位调整层。因此我们考虑研究栅格覆盖层的传输特性而不是像 FP 腔天线那样考虑 PRS 的反射特性。如图 3-14 所示,通过对不同尺寸下单个单元的特性进行仿真来获得栅格的传输特性。仿真频段为 15～35 GHz。条带间隙 g 和条带宽度 w 不同,栅格的传输特性也不同。由图 3-14 可以得到如下结论:

（1）条带间隙 g 和条带宽度 w 均可以用来调整栅格单元传输系数的幅度和相位特性。可以看出 g 和 w 的变化会带来谐振频率的移动。

（2）当单元的通带展宽时,传输幅度将会出现凹点。通带越宽,凹陷的程度越大。

（3）随着条带间隙 g 的增加或者条带宽度 w 的减小,谐振频率将会向低频移动。在固定频点处,条带间隙 g 减小或者条带宽度 w 变宽,栅格的相位将增大。传输系数的相位特性对于控制天线的波束方向至关重要。

优化设计需具备两个条件:第一,幅度具有良好的通带特性,没有或者只有较小的凹陷出现;第二,相位特性适合波束扫描功能的实现,不仅能够保证具有边射方向图的固定频点的 $0°$ 相移,而且能够获得良好的频扫特性和增益提高特性。

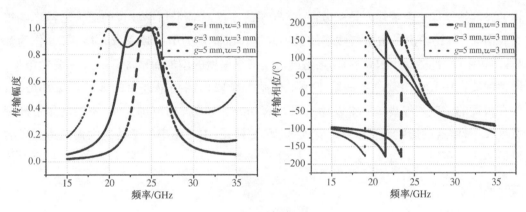

（a）具有不同条带间隙 g

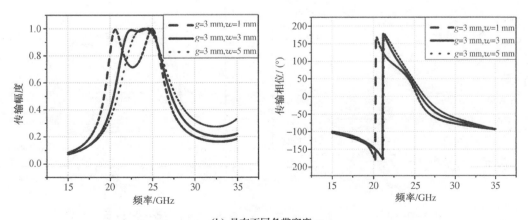

（b）具有不同条带宽度 w

图 3-14 栅格单元的传输系数

3.3.3 天线参数分析

上文给出的单元分析模型有助于我们理解渐变参数对传输系数的影响,但是我们仍然需要对天线的整个结构进行参数分析。图 3-13 给出了不同加载类型的天线结构图。波束扫描角和各个波束的最大增益是我们最为关心的两个特性。因为栅格覆盖层在结构上并不复杂,所以不难进行参数分析。两种栅格类型(A 类型和 B 类型)被引入作为天线的覆盖层,而天线的馈电部分相同。

(1)A 类型加载天线

对于 A 类型加载天线,金属条带具有等间隔但条带宽度不等,条带宽度满足:

$$w_n = w_1 + (n-1) \cdot d_w \tag{3-6}$$

空气层的厚度 h 和条带渐变宽度 d_w 作为优化的参数。优化过程中保持初始的条带宽度 w_1 为 0.45 mm 不变。如图 3-15 所示,一方面,空气层的厚度 h 和条带渐变宽度 d_w 对波束扫描范围影响不大,均保持为 $\pm25°$。这是因为在波束扫描那一维(也就是 E 面)加载结构的参数始终保持为常数。另一方面,空气层的厚度对各个扫描波束的最大增益影响很大。图 3-15(b)给出了增益与频率的关系曲线。以固定的中心频率(25.45 GHz)作为参考,两边频段(包括低频和高频)的增益随着空气层厚度的增加而增加。随着厚度的增加,增益曲线在中心会出现一个凹陷。为了使整个频段内的扫描波束的最高增益都增加,存在最优的空气层厚度 h。本设计中取 5.65 mm。如图 3-15(d)所示,不同的条带渐变宽度 d_w 对增益的影响有限。条带渐变宽度 d_w 越大,中心频率的增益越大而两边频段的增益越小。所以中心工作频率的最大增益和整个工作频段的最大增益存在折中的选择。

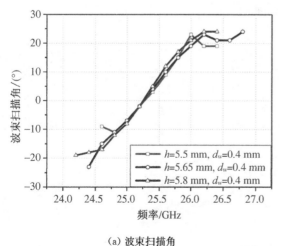

(a)波束扫描角

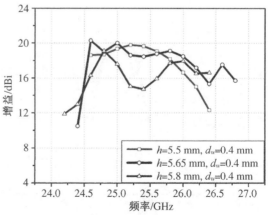

(b)每条扫描波束的最大增益

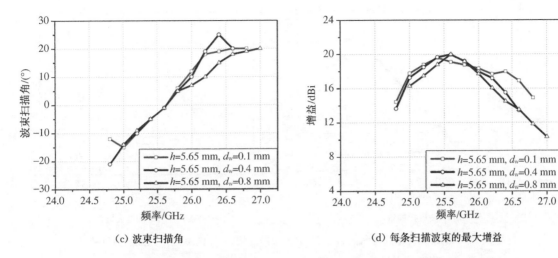

(c) 波束扫描角

(d) 每条扫描波束的最大增益

图 3-15 （a,b）具有不同空气层厚度 h 和（c,d）渐变条带宽度 d_w 的 A 类型天线的仿真特性

（2）B 类型加载天线

对于 B 类型加载天线，金属条带具有等条带宽度不等间隔，间隔满足：

$$g_n = g_1 + (n-1) \cdot d_g \tag{3-7}$$

空气层的厚度 h 和空间渐变间隔 d_g 作为优化的参数。优化过程中保持初始的条带间隙 g_1 为 1.2 mm 不变，如图 3-16 所示。从图中可以得到类似 A 类型天线的结论。因为波束扫描那一维（也就是 E 面）加载结构的参数保持为常数，所以结构参数对波束扫描范围影响不大。最大增益曲线主要取决于空气层的厚度。图 3-16(b)给出了增益与频率的关系曲线。存在一个最优的空气层厚度 h（在本设计中取 $h=6.7$ mm），随着厚度的增加，增益曲线在中心会出现一个凹陷。如图 3-16(d)所示，空间渐变间隔 d_g 越小，增益越大。考虑到工艺水平，取 $d_g=0.1$ mm。

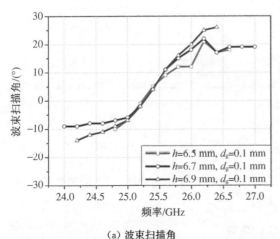

（a）波束扫描角

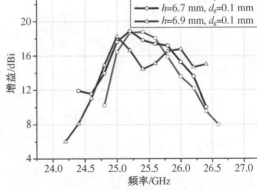

（b）每条扫描波束的最大增益

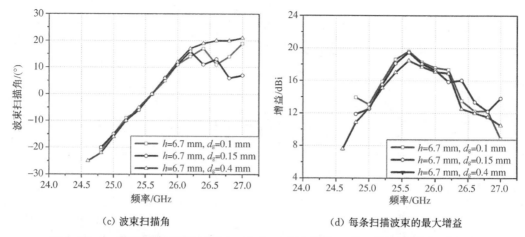

(c) 波束扫描角   (d) 每条扫描波束的最大增益

图3-16 (a,b)具有不同空气层厚度 h 和(c,d)渐变间隙 d_g 的 B 类型天线的仿真特性

表 3-3 给出了加载和未加载天线的三维远场方向图。如前文分析,栅格覆盖层增强了 H 面的方向性而保持了 E 面的波束扫描特性。

表 3-3   天线辐射方向图

	24.8 GHz	25.4 GHz	26 GHz
未加载栅格覆盖层			
加载 A 类型栅格			
加载 B 类型栅格			

3.3.4 天线测试结果与讨论

加工制作了两个天线以验证分析。如图 3-17 所示为天线的实物图。相位调整栅格层和 SIW 开槽馈电漏波天线均印刷在介电常数为 $\varepsilon_r = 2.2$,$\tan \delta_1 = 0.001$,厚度为 $h = 0.508\,\mathrm{mm}$ 的介质板上。表 3-4 给出了天线的优化参数。

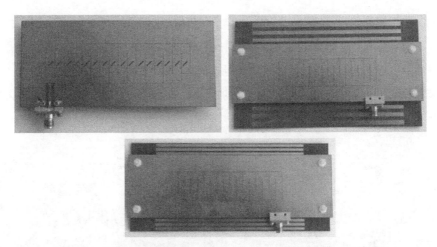

图 3-17 基于相位调整栅格覆盖层的增益提高型漏波天线实物图

表 3-4 天线参数 单位：mm

p	q	l_{slot}	w_{slot}	r_{via}	a	h_{typeA}
2.9	1.7	3.8	0.6	0.4	5.2	5.65
w_1	d_{w}	g	g_1	d_{g}	w	h_{typeB}
0.45	0.4	3.4	1.2	0.1	2.0	6.7

（1）馈电阵列天线

如图 3-18 所示为馈电阵列天线的仿真和测试反射系数。测试和仿真结果吻合较好。测试的 -10 dB 阻抗带宽约为 10%，覆盖了 $24.25 \sim 26.65$ GHz 的工作频段。图 3-19 给出了仿真和测试的远场 E 面方向图，可以看出波束扫描范围约为 $\pm 30°$，且吻合较好。在工作频段范围内，仿真的最高增益为 $11.1 \sim 14.4$ dB，而测试的结果为 $9.4 \sim 13.1$ dB。损耗主要来源于 SMA 接头和测试误差。

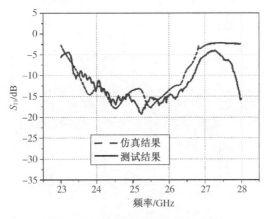

图 3-18 馈电阵列天线反射系数

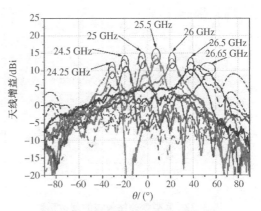

图 3-19 馈电阵列天线仿真（虚线）和测试（实线）方向图

（2）A 类型栅格加载天线

图 3-20 给出了 A 类型栅格加载天线的反射系数。相比于仿真结果，测试曲线具有略微的频率偏移，主要是由制作公差引起的，但是满足了工作频段的要求。由图 3-21 可知，相比于未加载天线，扫描波束的最高增益增加了约 5～6 dB；而波束扫描范围减少了一些，降为±25°，验证了 3.3.3 节的分析。

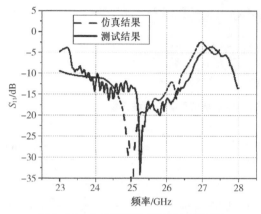

图 3-20　A 类型栅格天线的反射系数

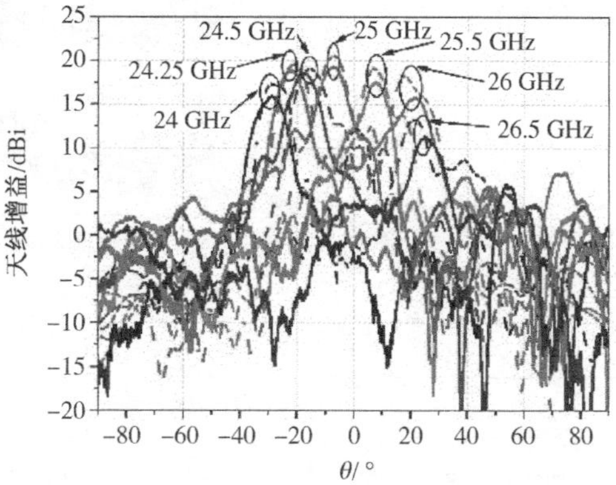

图 3-21　加载 A 类型栅格天线仿真（虚线）和测试（实线）方向图

（3）B 类型栅格加载天线

由图 3-22 和图 3-23 可以看出，B 类型栅格加载天线的仿真和测试反射系数吻合较好。相比于未加载天线，扫描波束的最高增益增加了约 4～5 dB，而波束扫描范围降为±25°。扫描波束的最大增益的测试结果相比于仿真结果约低了 1.5 dB，这主要是由测试误差和制作公差引起的。可以预见，采用更长的弯折馈电结构和更多的栅格覆盖层将会获得更大的波束扫描范围和更高的增益特性。

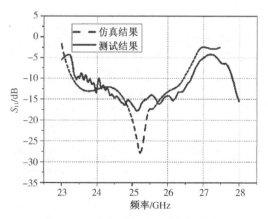

图 3-22　B 类型栅格天线的反射系数

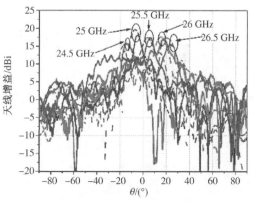

图 3-23　加载 B 类型栅格天线仿真（虚线）和测试（实线）方向图

3.4　设计 3：基于 SSPP 的宽带宽扫描范围漏波天线

本节提出了一款高增益宽频带宽扫描范围的漏波天线,通过对 SSPP 慢波传输线的轮廓进行周期调制来实现,实现了后向-边射-前向的连续波束扫描,而不产生较明显的阻带抑制。对天线模型进行了仿真和优化,并进行了测量验证。

3.4.1　天线设计与分析

漏波天线结构如图 3-24 所示,对 SSPP 慢波传输线的轮廓进行正弦周期调制。相关参数初始值设定为:$w_0 = 11$ mm,$w_s = 1.5$ mm,$w = 0.5$ mm,$p = 1$ mm,最长和最短金属条带的长度分别设定为 h_1 和 h_2,因此,正弦调制的幅度 $A_m = (h_1 - h_2)/2$,高度 $H = (h_1 + h_2)/2$。调制周期 P 设定为在中心频率 f_0 处的一个波导波长。为了使天线尽量工作在 Ku 波段,参数值初始设定为 $h_1 = 3$ mm,$h_2 = 1$ mm,$P = 12p = 12$ mm。为了使天线尽量辐射更多的能量得到更高的增益,设计该漏波天线由 16 个单元组成。

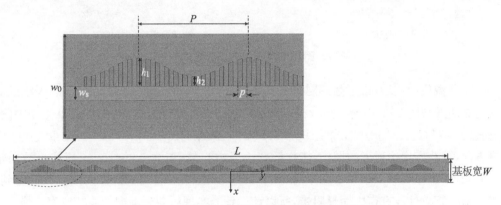

图 3-24　基于 SSPP 慢波传输线的漏波天线结构图

下面进行参数优化。首先对调制周期对天线性能的影响进行分析。如图 3-25 所示,对具有不同周期长度 p 的天线增益曲线进行对比。可以看到,随着 p 值的增加,工作频段向低频移动,且低频段增益升高,高频段增益降低。当 p 值变化时,金属条带宽度 w 也要相应调整。仿真发现,当周期长度 p 值确定后,参数 w 对天线增益特性的影响基本忽略不计。但当 $p = 1$ mm,$w = 0.5$ mm

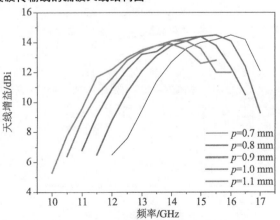

图 3-25　具有不同周期长度的天线增益曲线

时,天线具有最宽的 3 dB 增益带宽。

其次分析正弦调制包络的高度和幅度对天线性能的影响。如图 3-26 所示,通过调整 h_1 和 h_2 来分别控制高度 H 和幅度 A_m 的改变。由图可以看出,随着高度 H 的降低,扫描波束向后向移动,低频增益降低,高频增益升高;随着幅度 A_m 的降低,波束向后向移动,且低频增益下降,高频增益上升。综合分析后,选择 $h_1=3$ mm, $h_2=1$ mm,即 $H=2$ mm, $A_m=1$ mm 时,此时天线具有相对良好的增益性能。

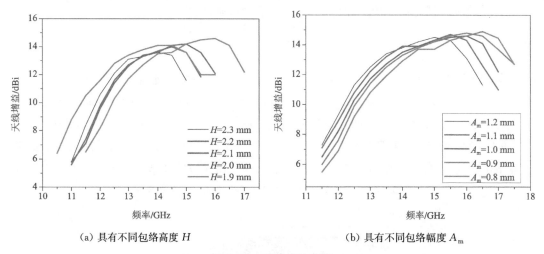

(a) 具有不同包络高度 H (b) 具有不同包络幅度 A_m

图 3-26   天线增益曲线

上述参数值设定后,该正弦调制漏波天线的整体尺寸为 208 mm×11 mm。天线的 S 参数仿真曲线如图 3-27 所示,-10 dB 阻抗带宽非常宽,完全覆盖 10~16 GHz 工作频段。根据式(3-4)和式(3-5)可知,当工作频率等于中心频率时($f=f_0$),$\beta_{-1}=0$,主波束指向法线方向,天线产生边射方向图;当工作频率小于中心频率时,$\beta_{-1}<0$,天线产生后向辐射方向图;当工作频率大于中心频率时,$\beta_{-1}>0$,天线产生前向辐射方向图。可以看到,天线在中心频点处没有产生明显阻带,所以该设计能实现后向到前向的连续波束扫描。

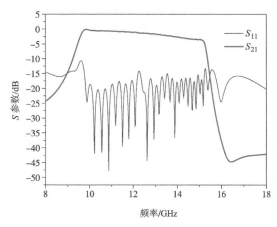

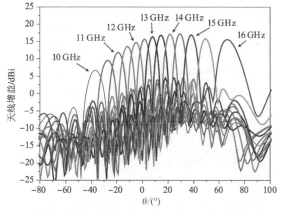

图 3-27   正弦调制漏波天线的散射参数仿真曲线   图 3-28   正弦调制漏波天线的仿真方向图

图 3-28 给出了该天线的方向图仿真结果,天线在 10~16 GHz(相对带宽 46.2%)的工作频段范围内,波束扫描范围达到 103°(从 −37° 到 66°),波束峰值增益范围为 6.7~17.1 dBi,3 dB 增益带宽达到 12~16 GHz(相对带宽 30.8%)。

3.4.2　天线测试结果与讨论

为了验证上述理论分析,所设计的天线在仿真优化后进行了加工测量,天线的加工实物图如图 3-29 所示。天线采用厚度为 0.508 mm 的 F4BM(相对介电常数 $\varepsilon_r = 2.2$,损耗角正切 $\tan\delta = 0.001$)介质板设计,金属表面采用沉锡工艺防止氧化。天线的整体尺寸为 208 mm×11 mm。

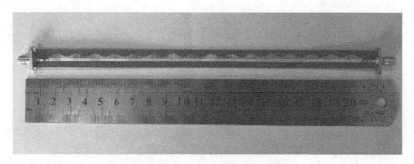

图 3-29　天线的加工实物图

图 3-30 给出了天线的 S 参数仿真和测量结果。结果表明,测量与仿真曲线趋势较为吻合。在 10~16 GHz 的工作频段范围内,测量反射系数结果都低于 −10 dB。测量得到的传输系数略小于仿真结果,两种结果之间的差异可能是由天线加工误差和连接器的焊接损耗造成的。

图 3-31 给出了天线在 yOz 平面的辐射方向图仿真和测量结果,可以看出在每个测量频点处的两曲线均具有较好的一致性。

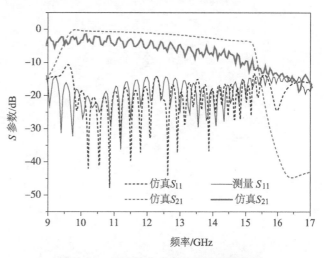

图 3-30　天线的 S 参数仿真和测量结果

在 10~16 GHz 的工作频段范围内,测量的波束扫描范围是 −36°~+65°,而仿真的波束扫描范围是 −37°~+66°。因此,该天线在 10~16 GHz(相对带宽 46.2%)的频带范围内,波束扫描范围达到 101°,波束扫描范围大。测量的各频点方向图的峰值增益范围达到 5.7~16 dBi,而仿真的峰值增益范围为 6.7~17.1 dBi,测量结果降低的原因可能是由加工公差、测量误差及连接器的损耗造成的。天线 3 dB 增益带宽达到 12~16 GHz(相对带宽 30.8%)。综上所述,本书提出的基于 SSPP 的轮廓正弦调制天线在较宽的角度范围内获得了很好的高增益扫描效果,实现了由后向到前向的不含阻带的连续波束扫描。

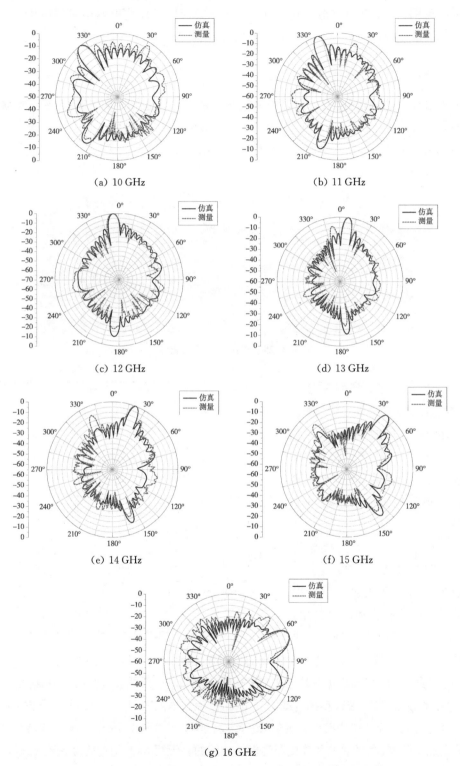

图 3-31　正弦调制漏波天线在各个频点处的仿真和测量方向图

3.5　设计 4：基于磁电偶极子结构的宽扫描范围高增益平坦度漏波天线

本节设计了一款以磁电偶极子结构为基础的频率扫描阵列天线，增大了扫描范围和增益平坦度。该天线以一个蝴蝶结形状的缝隙作为磁偶极子，以一对加载在顶层的金属片作为电偶极子，结合形成磁电偶极子单元，保证了稳定的增益；然后采用弯折线的方式由四个单元组成阵列天线，展宽了波束扫描范围。

3.5.1　天线单元设计与分析

图 3-32 为磁电偶极子结构的辐射原理示意图。图 3-32(a) 中三个图分别为水平放置的平面电偶极子、磁偶极子和磁电偶极子。从外形上看，电偶极子 E 面方向图类似于"8"字，而 H 面方向图则类似于"O"字。在 E、H 面，磁偶极子有着相反的方向图，其 E 面方向图为"O"字形，H 面方向图为"8"字形。本设计天线单元结构中将由介质 2 中的短路探针和介质 1 顶层的蝴蝶结状缝隙来实现。当 $\theta=0°$ 时，方向函数最大；当 $\theta=180°$ 时，方向函数为 0。磁电偶极子将两者的方向图叠加，强化了天线的前向辐射，并且抵消了相关的后向辐射，得到了更强的方向性。磁电偶极子天线具有非常稳定的频率特征，其阻抗带宽很宽，且天线增益稳定。将该天线结构引入漏波天线中，在组阵后能够实现稳定的频率扫描特性。

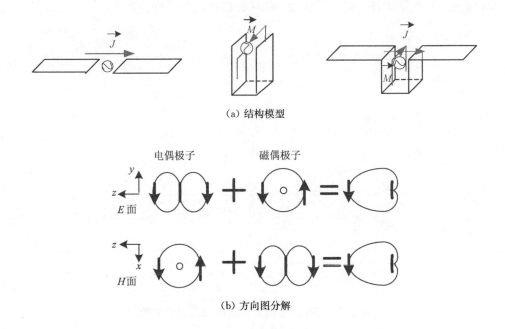

(a) 结构模型

(b) 方向图分解

图 3-32　磁电偶极子模型

如图 3-33 所示为天线单元结构图,使用了两块 RogersRT5880 介质板,厚度 $h_1=0.5\ \text{mm}$,$h_2=1\ \text{mm}$。该介质板的损耗角正切为 0.000 9,介电常数为 2.2。在介质 1 中采用了多个直径为 1 mm 的金属通孔作为金属壁形成一个 SIW 腔,孔柱间距为 1.5 mm。在中间金属层上蚀刻一个蝴蝶结形状的缝隙,该金属层同时也用作 SIW 腔的顶部金属表面。介质 2 由两个矩形贴片和两个垂直金属柱组成。垂直金属柱用于连接两个水平金属贴片与中间金属层。介质 2 加载的短路金属贴片则充当电偶极子。电磁能量经蝴蝶结形缝隙与金属片耦合。利用蝴蝶结形缝隙和短路探针实现磁偶极子辐射。

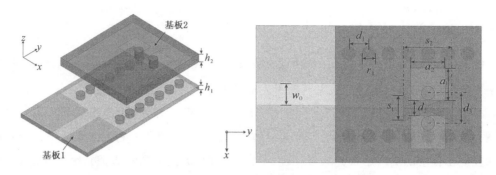

图 3-33 天线单元结构图

在设置辐射部分时并没有将其设置在中轴线上,而是适当偏移中轴线。调整偏移量 a_3 可以更好地实现阻抗匹配。图 3-34 对此进行了参数分析,可以看出当偏移量 a_3 为 1 mm 时天线具有最佳的匹配。天线尺寸的优化值在表 3-5 中给出。

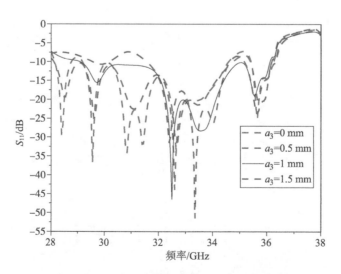

图 3-34 天线 S_{11} 随偏移量 a_3 变化的仿真图

表 3-5 磁电偶极子单元天线尺寸 单位：mm

d_1	d_2	d_3	w_0	L	d	r_1
1.5	0.55	1.1	1.6	18	6	1
s_1	s_2	a_1	a_2	a_3	h_1	h_2
1.8	3.7	2.6	2.4	1	0.508	1

3.5.2 天线阵列设计与分析

对单元参数进行仿真优化后，将单元进行组阵。传统漏波天线通常采用直线阵的形式，单元间以串联形式直接组阵。该组阵方式较为简单，但当单元数量增加时纵向尺寸较大，且难以实现宽角度范围的频率扫描。本设计采用弯折线结构进行馈电，如图 3-35 所示。弯折线能够有效增加频扫天线的波束扫描范围。采用 SIW 结构制作的馈电层与传统漏波天线相似。天线终端连接一个 50 Ω 负载，可以更好地实现阻抗匹配，同时，在 SIW 层的转角处还设置了一些短路通孔，以进一步提高阻抗匹配。

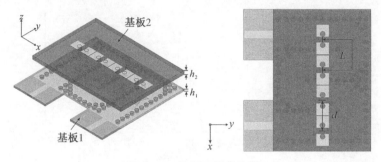

图 3-35 阵列天线结构图

图 3-36 为天线的表面电流和电场分布。理论上，当馈线长度 L 是半波长的奇数倍时，频率扫描特性最好。但由于单元结构的偏移方向刚好相反，因此 L 的长度应该调整为半波长的偶数倍。此外，调节单元间距 d 可以抑制旁瓣。通过仿真发现，在图 3-37 仿真的三维辐射图中，旁瓣电平很低，且天线的辐射特性相对比较稳定，主波束的方向随频率变化明显。

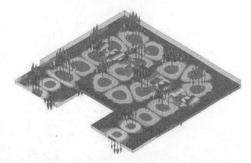

图 3-36 天线的表面电流和电场分布图

天线仿真 S 参数如图 3-38 所示，其相对阻抗带宽能达到 21.8%（29～36.1 GHz）。图 3-39 是天线在 xOz 平面不同频率下的增益曲线，其扫描范围覆盖 $-32°\sim +62°$。由于磁电偶极子结构的优势，可以在如此宽的扫描范围内保持良好的增益平坦度。整个频段的增益变化被控制在 3 dB 内，在 28～34 GHz 甚至能控制在 1.5 dB 内。不同频率下增益的峰值能达到 9.2～12.2 dBi，且旁瓣也抑制得比较好。

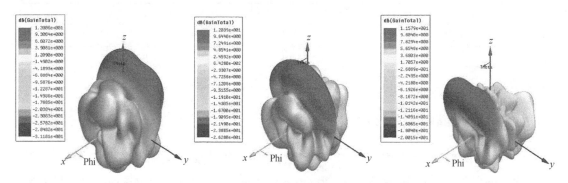

图 3-37　在 30 GHz、32 GHz 和 34 GHz 时的天线仿真三维方向图

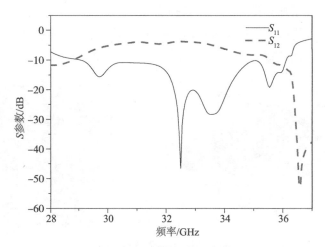

图 3-38　天线仿真 S 参数

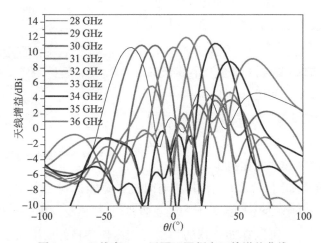

图 3-39　天线在 xOz 平面不同频率下的增益曲线

3.6 设计 5：基于平面环状缝隙结构的宽带高增益漏波天线

3.6.1 天线单元设计与分析

天线的单元结构可参考图 3-40，由一层介质板和两层印刷的金属组成，并在上层金属贴片上开环状缝隙。在环状缝隙周围打了一圈金属通孔，以增加天线的增益。连接贴片和地的短路探针能激励起新的谐振模式，通过融合不同的谐振模式来提高天线带宽。在环的中心处引入一个短路探针，使圆形贴片的中心与地面相接，从而保证该点电场值为零，以更好地激励 TM_{11} 模式。考虑到微带馈线在高频时损耗大，这里采用共面波导馈电，以保证较低的损耗。

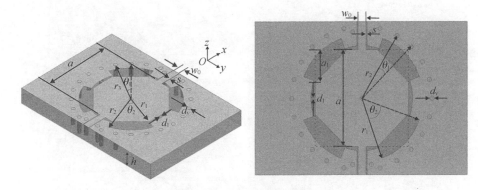

图 3-40　天线单元结构图

在文献[44]的设计中，环形结构的内贴片和外环都是圆形的，环形槽的空间有限。为了进一步提高增益平坦度，选用正方形切四角形成的八边形贴片代替圆形贴片，这样贴片和扇形弧之间的空间就扩大了。改进的环形间隙结构提高了天线的增益平坦度。图 3-41 对比了两种贴片形状的增益曲线，可以发现，八边形贴片单元的 1 dB 增益带宽可以达到36.1%（12.5～18 GHz），而圆形贴片单元的 1 dB 增益带宽只能达到 25%（14～18 GHz）。

图 3-42 展示了四种经过仿真优化

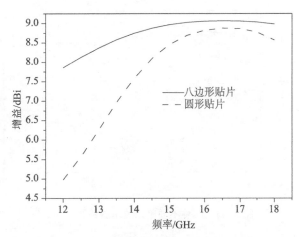

图 3-41　两种不同形状贴片增益对比曲线

的漏波天线单元。A 为本书提出的天线单元,B 为文献[55]中漏波天线的"工"字形单元, C 为文献[56－57]等多个漏波天线中使用的水平缝隙单元,D 为常见波导缝隙阵列天线的纵向缝隙单元。为了更好地进行增益对比,四种类型的尺寸被调整为相同的大小。图 3-43 中的曲线反映了增益与频率的关系。从图中可以看出,方形及正三角形点划线分别在低频和高频出现增益下降。这意味着 B 型和 D 型增益平坦度都不是理想的,增益带宽都比较窄。圆形及倒三角形点划线具有相似的增益平坦度,C 型的 1 dB 增益带宽约为 32.3%。然而,C 型的增益平均比所设计的增益少 1.5 dB。显然,这里所设计的天线单元具有最高的增益和最佳的增益平坦度。

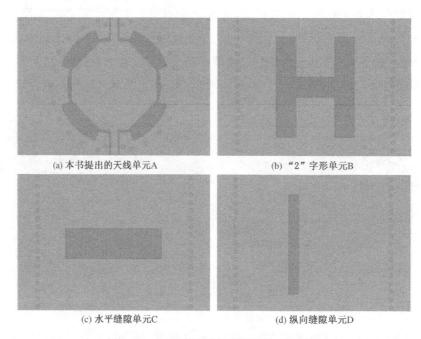

(a) 本书提出的天线单元A   (b) "2"字形单元B

(c) 水平缝隙单元C   (d) 纵向缝隙单元D

图 3-42 四种不同形状缝隙的单元结构图

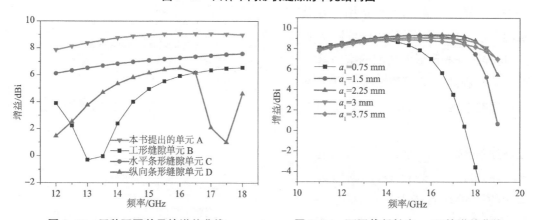

图 3-43 四种不同单元的增益曲线   **图 3-44 不同截断长度 a_1 下的增益曲线**

内八边形贴片的截角直角边长度 a_1 是影响天线增益和增益平坦度的主要因素。图 3-44 对比了不同截断长度 a_1 的增益曲线。从图中可以看出,随着截角直角边长度 a_1 的增加,天线在高频部分的增益提高了,从而使得整体的增益平坦度得到了改善。考虑到阻抗匹配,最终 a_1 的值选为 3 mm。

图 3-45 为所设计天线单元的仿真色散曲线。结果显示,在 $12\sim18$ GHz 之间,色散曲线处于快波区。此时天线单元在以辐射模式工作,覆盖了整个 Ku 波段。因此,该单元在增益带宽、阻抗带宽和快波带宽之间取得了很好的一致性。实际上该单元结构可以看作 CRLH TL 结构。在顶层,两个短路探针将中心贴片和外地面连接,可视为右手电感,而贴片与地面之间的缝隙可看作左手电容,两个金属层之间形成右手电容,而左手电感是由中心的金属探针产生的。CRLH TL 结构保证了能实现从后向到前向的波束扫描特性。

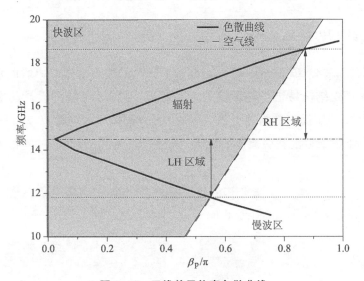

图 3-45　天线单元仿真色散曲线

表 3-6　环状缝隙结构单元尺寸

a_1	r_1	r_2	w_0	s	d_1
3 mm	5.8 mm	6.6 mm	0.8 mm	0.1 mm	0.1 mm
d_v	h	θ_1	θ_2	a	ε_r
0.2 mm	2 mm	15°	50.4°	8.8 mm	2.2

表 3-6 中给出了尺寸优化值。图 3-46 描绘了天线单元在 15 GHz 中心频率处 xOz 平面和 yOz 平面的方向图。其仿真相对阻抗带宽大于 $46\%(11.7\sim18.6$ GHz),最大增益为 9.1 dBi,且天线在整个 Ku 波段内的交叉极化电平控制在 -30 dB 以下,在 xOz 平面和 yOz 平面主辐射方向上都保持较低的交叉极化水平。

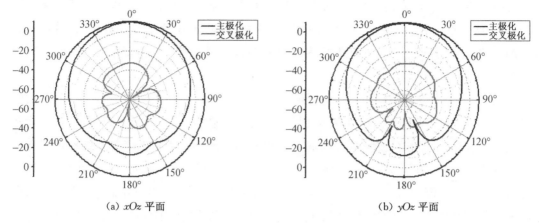

(a) xOz 平面　　　　　　　　　　　　　(b) yOz 平面

图 3-46　天线单元在 15 GHz 时的仿真方向图

3.6.2　天线阵列设计与分析

天线采用共面波导(Coplanar Waveguide，CPW)的馈电方式以串联的形式对单元进行馈电。CPW 馈电结构易于与环形缝隙天线集成，且保证了阵列设计的宽带宽和低损耗。图 3-47 为本书所提出的漏波天线。经过优化，选择单元间距 d 为 14 mm($0.7\lambda_0$)。该尺寸下不影响天线性能，且旁瓣电平最低。

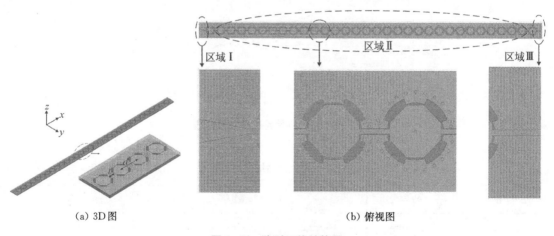

(a) 3D图　　　　　　　　　　　　　　　　(b)俯视图

图 3-47　阵列天线结构图

本节也尝试了用弯折线馈电方式对单元结构进行组阵以拓宽天线的扫描范围。采用如图 3-48 所示的两种方式进行馈电，得到的天线副瓣电平都很高。相较于前文设计的漏波天线，本节采用的单元平面结构相对复杂，辐射部分以外的空间很小。再加上弯折线结构使得相邻单元之间的距离过大，大于旁瓣电平最低时单元间的最佳距离，故舍弃了弯折线方式，而采用更简单的直线串馈，保证了较低的副瓣电平和较高的增益。

漏波天线主要由三部分组成：第一部分通过引入线性渐变结构作为过渡，从而在输入

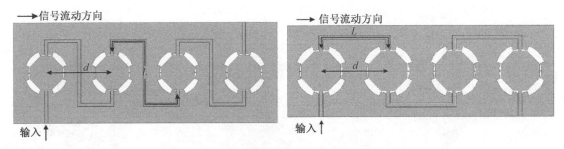

图 3-48　两种弯折结构阵列天线结构示意图

SIW 和微带线之间实现更好的匹配。第二部分为主要辐射区域。天线单元有良好的对称性，馈线可以直接串行连接，能量沿着天线单元依次辐射。第三部分，在末端直接使用开路端口来实现匹配。当单元数量足够多时，大部分能量在第二部分辐射完。因此，不需要添加匹配负载来吸收多余能量。

　　增加单元数量能够提升天线的增益。在本设计中，分别对 4、8、16、24、32 元的阵列进行了仿真以探讨单元数量对增益的影响。图 3-49 表明，当单元数量小于 16 时，增益随着单元数量的增加而明显增加；当单元数量大于 16 时，增益随单元数量的变化不明显。图 3-50 对比了 16、24 和 32 元阵的电场分布，可以看出，第 16 个单元之后的单元辐射能量非常小，验证了上面的结论。数量越多，天线尺寸越大，不利于小型化，16 元阵是最优选择。图

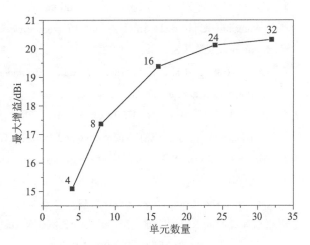

图 3-49　天线峰值增益随单元数量变化曲线

3-51 分别给出了频率为 13 GHz、15 GHz、17 GHz 条件下的 16 元阵的三维方向图。由图可知，天线旁瓣抑制比较好。

图 3-50　单元数量分别为 16、24、32 时天线的电场分布图

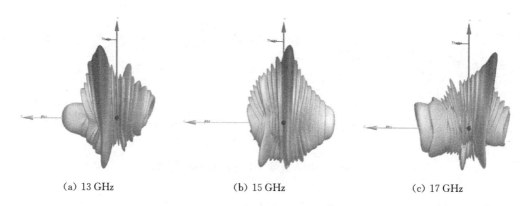

(a) 13 GHz　　　　　　　　(b) 15 GHz　　　　　　　　(c) 17 GHz

图 3-51　阵列天线的仿真三维方向图

参考文献

［1］Zhu Q, Zhang Z X, Xu S J, et al. Millimeter wave microstrip array design with CRLH-TL as feeding line［C］//IEEE Antennas and Propagation Society Symposium, 2004. June 20-25, 2004, Monterey, CA, USA. IEEE, 2004: 3413-3416.

［2］Lai A, Itoh T, Caloz C. Composite right/left-handed transmission line metamaterials［J］. IEEE Microwave Magazine, 2004, 5(3): 34-50.

［3］Kim H, Kozyrev A B, Karbassi A, et al. Linear tunable phase shifter using a left-handed transmission line［J］. IEEE Microwave and Wireless Components Letters, 2005, 15(5): 366-368.

［4］Mao S G, Chueh Y Z. Broadband composite right/left-handed coplanar waveguide power splitters with arbitrary phase responses and balun and antenna applications［J］. IEEE Transactions on Antennas and Propagation, 2006, 54(1): 243-250.

［5］Lin X Q, Liu R P, Yang X M, et al. Arbitrarily dual-band components using simplified structures of conventional CRLH TLs［J］. IEEE Transactions on Microwave Theory and Techniques, 2006, 54(7): 2902-2909.

［6］Gil M, Bonache J, Garcia-Garcia J, et al. Composite right/left-handed metamaterial transmission lines based on complementary split-rings resonators and their applications to very wideband and compact filter design［J］. IEEE Transactions on Microwave Theory and Techniques, 2007, 55(6): 1296-1304.

［7］Lin X Q, Ma H F, Bao D, et al. Design and analysis of super-wide bandpass filters using a novel compact meta-structure［J］. IEEE Transactions on Microwave Theory and Techniques, 2007, 55(4): 747-753.

［8］Lin X Q, Bao D, Ma H F, et al. Novel composite phase-shifting transmission-line and its application in the design of antenna array［J］. IEEE Transactions on Antennas and Propagation, 2010, 58(2): 375-380.

［9］Trentini G V. Partially reflecting sheet arrays［J］. IRE Transactions on Antennas and Propagation,

1956，4(4)：666-671.

[10] Feresidis A P, Vardaxoglou J C. High gain planar antenna using optimised partially reflective surfaces[J]. IEE Proceedings-Microwaves, Antennas and Propagation, 2001, 148(6)：345.

[11] Weily A R, Esselle K P, Sanders B C, et al. High-gain 1D EBG resonator antenna[J]. Microwave and Optical Technology Letters, 2005, 47(2)：107-114.

[12] Diblanc M, Rodes E, Arnaud E, et al. Circularly polarized metallic EBG antenna[J]. IEEE Microwave and Wireless Components Letters, 2005, 15(10)：638-640.

[13] Lee Y J, Yeo J, Mittra R, et al. Application of electromagnetic bandgap (EBG) superstrates with controllable defects for a class of patch antennas as spatial angular filters[J]. IEEE Transactions on Antennas and Propagation, 2005, 53(1)：224-235.

[14] Weily A R, Horvath L, Esselle K P, et al. A planar resonator antenna based on a woodpile EBG material[J]. IEEE Transactions on Antennas and Propagation, 2005, 53(1)：216-223.

[15] Guerin N, Enoch S, Tayeb G, et al. A metallic Fabry-Perot directive antenna[J]. IEEE Transactions on Antennas and Propagation, 2006, 54(1)：220-224.

[16] Ge Y H, Esselle K P. A resonant cavity antenna based on an optimized thin superstrate[J]. Microwave and Optical Technology Letters, 2008, 50(12)：3057-3059.

[17] Ourir A, de Lustrac A, Lourtioz J M. Optimization of metamaterial based subwavelength cavities for ultracompact directive antennas[J]. Microwave and Optical Technology Letters, 2006, 48(12)：2573-2577.

[18] Sun Y, Chen Z N, Zhang Y W, et al. Subwavelength substrate-integrated fabry-pérot cavity antennas using artificial magnetic conductor[J]. IEEE Transactions on Antennas and Propagation, 2012, 60(1)：30-35.

[19] Feresidis A P, Goussetis G, Wang S H, et al. Artificial magnetic conductor surfaces and their application to low-profile high-gain planar antennas[J]. IEEE Transactions on Antennas and Propagation, 2005, 53(1)：209-215.

[20] Zhou L, Li H Q, Qin Y Q, et al. Directive emissions from subwavelength metamaterial-based cavities[J]. IWAT 2005 IEEE International Workshop on Antenna Technology：Small Antennas and Novel Metamaterials, 2005, 2005：191-194.

[21] Ourir A, de Lustrac A, Lourtioz J M. All-metamaterial-based subwavelength cavities (λ/60) for ultrathin directive antennas[J]. Applied Physics Letters, 2006, 88(8)：084103.

[22] Ourir A, Burokur S N, de Lustrac A. Electronically reconfigurable metamaterial for compact directive cavity antennas[J]. Electronics Letters, 2007, 43(13)：698.

[23] Weily A R, Bird T S, Guo Y J. A reconfigurable high-gain partially reflecting surface antenna[J]. IEEE Transactions on Antennas and Propagation, 2008, 56(11)：3382-3390.

[24] Burokur S N, Daniel J P, Ratajczak P, et al. Tunable bilayered metasurface for frequency reconfigurable directive emissions[J]. Applied Physics Letters, 2010, 97(6)：064101.

[25] Ourir A, Burokur S N, de Lustrac A. Electronic beam steering of an active metamaterial-based

directive subwavelength cavity[C]//The Second European Conference on Antennas and Propagation, EuCAP 2007. November 11-16, 2007, Edinburgh. IET, 2007: 1-4.

[26] Ourir A, Burokur S N, Yahiaoui R, et al. Directive metamaterial-based subwavelength resonant cavity antennas — Applications for beam steering[J]. Comptes Rendus Physique, 2009, 10(5): 414-422.

[27] Guzman-Quiros R, Gomez-Tornero J L, Weily A R, et al. Electronic full-space scanning with 1-D fabry - pérot LWA using electromagnetic band-gap[J]. IEEE Antennas and Wireless Propagation Letters, 2012, 11: 1426-1429.

[28] Ourir A, Burokur S N, de Lustrac A. Phase-varying metamaterial for compact steerable directive antennas[J]. Electronics Letters, 2007, 43(9): 493.

[29] Ghasemi A, Burokur S N, Dhouibi A, et al. High beam steering in fabry - pérot leaky-wave antennas[J]. IEEE Antennas and Wireless Propagation Letters, 2013, 12: 261-264.

[30] Pendry J B, Martín-Moreno L, Garcia-Vidal F J. Mimicking surface plasmons with structured surfaces[J]. Science, 2004, 305(5685): 847-848.

[31] Zhang Q L, Zhang Q F, Chen Y F. Spoof surface plasmon polariton leaky-wave antennas using periodically loaded patches above PEC and AMC ground planes[J]. IEEE Antennas and Wireless Propagation Letters, 2017, 16: 3014-3017.

[32] Yin J Y, Ren J, Zhang Q, et al. Frequency-controlled broad-angle beam scanning of patch array fed by spoof surface plasmon polaritons[J]. IEEE Transactions on Antennas and Propagation, 2016, 64 (12): 5181-5189.

[33] Guan D F, You P, Zhang Q F, et al. A wide-angle and circularly polarized beam-scanning antenna based on microstrip spoof surface plasmon polariton transmission line[J]. IEEE Antennas and Wireless Propagation Letters, 2017, 16: 2538-2541.

[34] Lv X M, Cao W Q, Zeng Z Y, et al. A circularly polarized frequency beam-scanning antenna fed by a microstrip spoof SPP transmission line[J]. IEEE Antennas and Wireless Propagation Letters, 2018, 17(7): 1329-1333.

[35] Zhang Q L, Zhang Q F, Chen Y F. Spoof surface plasmon polariton leaky-wave antennas using periodically loaded patches above PEC and AMC ground planes[J]. IEEE Antennas and Wireless Propagation Letters, 2017, 16: 3014-3017.

[36] Liu J H, Tang X H, Li Y X, et al. Substrate integrated waveguide leaky-wave antenna with H-shaped slots[J]. IEEE Transactions on Antennas and Propagation, 2012, 60(8): 3962-3967.

[37] Yang Q S, Zhang Y H, Zhang X K. X-band composite right/left-handed leaky wave antenna with large beam scanning-range/bandwidth ratio[J]. Electronics Letters, 2012, 48(13): 746.

[38] Cao W Q, Hong W, Chen Z N, et al. Gain enhancement of beam scanning substrate integrated waveguide slot array antennas using a phase-correcting grating cover[J]. IEEE Transactions on Antennas and Propagation, 2014, 62(9): 4584-4591.

[39] Luk K M, Wong H. A new wideband unidirectional antenna element [J] J. Microw. Opt. Technol., 2006, 1(1): 35-44.

［40］Ng K B, Wong H, So K K, et al. 60 GHz plated through hole printed magneto-electric dipole antenna［J］. IEEE Transactions on Antennas and Propagation, 2012, 60(7): 3129-3136.

［41］Kang K, Shi Y, Liang C H. Substrate integrated magneto – electric dipole for UWB application ［J］. IEEE Antennas and Wireless Propagation Letters, 2017, 16: 948-951.

［42］Hao Z C, Li B W. Developing wideband planar millimeter-wave array antenna using compact magneto-electric dipoles［J］. IEEE Antennas and Wireless Propagation Letters, 2017, 16: 2102-2105.

［43］Mak K M, So K K, Lai H W, et al. A magnetoelectric dipole leaky-wave antenna for millimeter-wave application［J］. IEEE Transactions on Antennas and Propagation, 2017, 65(12): 6395-6402.

［44］Chen C H, Li C Q, Zhu Z M, et al. Wideband and low-cross-polarization planar annual ring slot antenna［J］. IEEE Antennas and Wireless Propagation Letters, 2017, 16: 3009-3013.

［45］Dong Y D, Itoh T. Composite right/left-handed substrate integrated waveguide and half-mode substrate integrated waveguide［J］. 2009 IEEE MTT-S International Microwave Symposium Digest, 2009: 49-52.

［46］Dong Y D, Itoh T. Substrate integrated composite right-/left-handed leaky-wave structure for polarization-flexible antenna application［J］. IEEE Transactions on Antennas and Propagation, 2012, 60(2): 760-771.

［47］Cao W Q, Zhang B N, Liu A J, et al. Novel phase-shifting characteristic of CRLH TL and its application in the design of dual-band dual-mode dual-polarization antenna［J］. Progress in Electromagnetics Research, 2012, 131: 375-390.

［48］Mao S G, Wu M S, Chueh Y Z, et al. Modeling of symmetric composite right/left-handed coplanar waveguides with applications to compact bandpass filters［J］. IEEE Transactions on Microwave Theory and Techniques, 2005, 53(11): 3460-3466.

［49］Deslandes D, Wu K. Integrated microstrip and rectangular waveguide in planar form［J］. IEEE Microwave and Wireless Components Letters, 2001, 11(2): 68-70.

［50］Deslandes D, Wu K. Substrate integrated waveguide leaky-wave antenna: Concept and design considerations［C］//2005 Asia-Pacific Microwave Conference Proceedings. Suzhou, China. IEEE International Journal of Antennas and Propagation, 2015.

［51］Xu J F, Hong W, Tang H J, et al. Half-mode substrate integrated waveguide (HMSIW) leaky-wave antenna for millimeter-wave applications［J］. IEEE Antennas and Wireless Propagation Letters, 2008, 7: 85-88.

［52］Lai Q H, Hong W, Kuai Z Q, et al. Half-mode substrate integrated waveguide transverse slot array antennas［J］. IEEE Transactions on Antennas and Propagation, 2009, 57(4): 1064-1072.

［53］Xu F, Zhang Y L, Wei H, et al. Finite-difference frequency-domain algorithm for modeling guided-wave properties of substrate integrated waveguide［J］. IEEE Transactions on Microwave Theory and Techniques, 2003, 51(11): 2221-2227.

［54］Chiu L, Hong W, Kuai Z Q. Substrate integrated waveguide slot array antenna with enhanced scanning range for automotive application［C］//2009 Asia Pacific Microwave Conference. December

7-10，2009，Singapore. IEEE：1-4.

[55] Zhang P F，Zhu L，Sun S. Second higher-order-mode microstrip leaky-wave antenna with I-shaped slots for single main beam radiation in cross section[J]. IEEE Transactions on Antennas and Propagation，2019，67(10)：6278-6285.

[56] Liu J H，Jackson D R，Long Y L. Substrate integrated waveguide (SIW) leaky-wave antenna with transverse slots[J]. IEEE Transactions on Antennas and Propagation，2012，60(1)：20-29.

[57] Mohtashami Y，Rashed-Mohassel J. A butterfly substrate integrated waveguide leaky-wave antenna [J]. IEEE Transactions on Antennas and Propagation，2014，62(6)：3384-3388.

第 4 章　平面宽边圆极化漏波天线

4.1　引言

圆极化天线具有以下优势：①具有收发任意性，能够发射和接收任意极化的电磁波，因此普遍应用于电子侦察和干扰中；②具有旋向反转性，圆极化波入射到对称目标（如平面、球面等）时，反射波旋向反转，所以圆极化漏波天线具有抑制雨雾干扰和抗多径反射的能力；③具有极化正交性，广泛地应用在通信、雷达的极化分集以及电子对抗中。为提升宽边周期性漏波天线在圆极化辐射、波束扫描范围以及增益效率等方面的电磁性能，本章结合 SIW/PRGW 技术，采用弯折线、PRS、SSPP 等新型人工电磁结构，进行了多款平面宽边圆极化漏波天线设计。

首先，基于 FPRA 的原理设计了两款平面宽边圆极化漏波天线。结合新型 PRS 结构和 π 形槽缝隙天线，设计了一款高增益圆极化漏波天线。下层馈源天线为 SIW 圆极化缝隙漏波天线，具有宽波束扫描范围和良好阻抗匹配。上层 PRS 结构由上下两个表面都印有圆形金属贴片阵列的单层介质板组成，其反射相位梯度较缓且沿 φ 平面结构完全对称。在工作频段内，圆极化增益有明显的提高。接着，同样基于 FPRA 的原理，通过在结构上表面刻蚀一系列正交放置的线极化缝隙对来实现圆极化波束扫描；采用弯折线结构增大波束扫描范围；通过对介质板周期性的打孔来设计一层新型人工电磁结构，实现对辐射波的聚束作用，从而提高增益。这部分将在 4.2 节和 4.3 节详细讨论。

其次，基于 SIW 谐振腔中的高阶模 TE_{220} 模式，设计了一款四元高增益宽扫描范围天线。上层辐射单元天线由缝隙-微带耦合馈电结构，下层采用微带 SSPP 传输线结构作为馈线，扩大了波束扫描范围。然后，采用一种线-圆极化转换器来实现圆极化辐射，两个天线模型结果验证了理论分析的正确性。这部分将在 4.4 节详细讨论。

最后，基于 PRGW 结构设计了平面漏波天线。通过在一个周期内设置两个径向距离为四分之一周期长度的辐射缝隙，使其在边射时辐射缝隙处产生的反射能够反相相消，改善天线阻抗匹配，实现后向-边射-前向的连续波束扫描。接着，采用渐变的"八"字形缝隙作为辐射结构，实现了基于 PRGW 的左旋圆极化漏波天线，其具有宽频带的波束扫描特性，圆极化增益随频率变化保持稳定，增益平坦度高。这部分将在 4.5 节详细讨论。

4.2 设计1：基于相位校正光栅加载的增益增强型圆极化漏波天线

4.2.1 天线设计与分析

如图4-1所示为SIW缝隙阵列天线结构图，该馈电结构是基于文献[1]中的天线设计的。结构由8个辐射单元线性排列，天线中心频率为11.5 GHz。

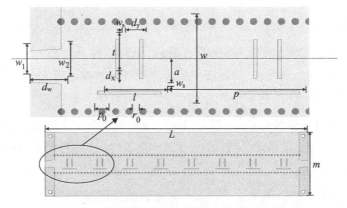

图4-1 基片集成波导缝隙阵列天线结构图

天线采用介电常数 ε_r 为3.66、损耗角正切 $\tan\delta$ 为0.004的Rogers4350介质基板，基板上下面覆盖金属层，上层金属表面开槽，每个辐射单元由一对横向槽和一条纵向槽正交组成类"π"形单元结构，分别产生不同的线极化特性。纵向两排金属化过孔沿中心轴对称排列，构成SIW结构缝隙漏波天线。天线的馈电端口设计有SIW-微带线转换结构，通过锥形微带渐变线结构来调整反射系数以获得更好的阻抗匹配特性。该设计通过分别调整缝隙的长度、相互距离来实现圆极化波辐射。

在加载PRS之前，考虑优化馈电结构尺寸对增益提升带来的影响。如果馈电结构尺寸较小，那么尺寸限制将导致难以和PRS结构构成谐振腔。经优化，设定基于SIW结构缝隙阵列天线的宽度为40 mm。

加载相位校正光栅覆盖层（PRS）的圆极化SIW漏波天线结构如图4-2所示。两层结构采用相同的Rogers4350介质基板，相对介电常数 $\varepsilon_r = 3.66$，损耗角正切 $\tan\delta = 0.004$。两层介质板的厚度均为1.524 mm，在两层基板之间是空气层。因此，天线结构类似于FPRA。工作在谐振频率的入射波能完全透过，而偏离谐振频率的入射波将被部分反射面（即上层盖板）反射回来，经金属地再次反射回去，即在谐振腔中产生来回反射。经过合理地设计腔体厚度以及PRS结构后，透过部分反射面的电磁波能够同相叠加而得到加强，天

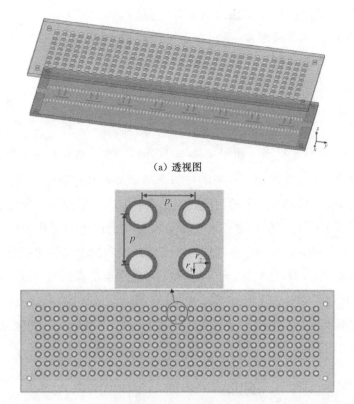

(a) 透视图

(b) 相位校正光栅覆盖层结构图

图 4-2　加载相位校正光栅覆盖层的圆极化 SIW 频率扫描天线结构图

线方向性得到提高。在工作波长 λ_0（自由空间波长）确定的情况下，FPRA 在垂直结构方向（边射方向）的最大方向性：

$$D_{\max} = \frac{1 + |Re^{j\varphi_{prs}}|}{1 - |Re^{j\varphi_{prs}}|} \tag{4-1}$$

式中，$Re^{j\varphi_{prs}}$ 是部分反射面结构的复反射系数。法布里-珀罗谐振腔的空气层厚度满足：

$$-\pi + \varphi_{prs} - \frac{4\pi h}{\lambda_0} = 2N\pi,\ N = 0,\ \pm 1,\ \pm 2,\ \cdots \tag{4-2}$$

式中，$-\pi$ 是底层地面的反射相位；φ_{prs} 是部分反射面的反射相位。通常周期性金属贴片阵列或网格阵列的 φ_{prs} 约为 $-\pi$，因此，腔体的最小厚度约为半自由空间波长 $\lambda_0/2$。

　　PRS 由单层基板构成，介质板顶部和底部表面均印有圆形贴片阵列。周期性金属贴片阵列结构的反射相位特性对 FP 腔的性能起着至关重要的作用。通过设计降低部分反射面的反射相位频率响应曲线的斜率，可以降低 FP 腔对工作频率的敏感度，有利于改善谐振条件，提高辐射增益，展宽增益带宽。为了展宽增益带宽，PRS 采用渐变周期阵列结构，以降低反射相位频率响应曲线的斜率和抖动。光栅覆盖层单元结构的特征模型如

图 4-3 所示。除了减缓反射相移曲线斜率外,通过调整
PRS 单元的几何结构和基板厚度,可以在整个工作频段
内将反射幅度调整得尽可能小。因此,天线辐射的电磁
波可以根据需要同相叠加。由于圆极化的极化模式对
称,因此需要对称形状的 PRS 单元结构。

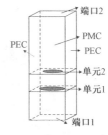

图 4-3　光栅覆盖层的特征模型

如图 4-4 所示,分析比较了圆形、圆环形、方形和方
环形四种几何形状的贴片类型。如图 4-4(b)所示,在相
同尺寸的周期性单元中,反射相位频率响应斜率的负梯度和正梯度都得到了实现。结果
表明,在工作频段中方形和方环形的相位变化比圆形和圆环形的相位变化更大,尤其是在
更高的频段。更陡的反射相位梯度不会在部分反射平面产生同相孔径场,因此增益带宽
可能会恶化。与圆环形相比,圆形贴片结构在工作频段内的相位变化更小。一方面,前面
提到过,PRS 具有更小的相位变化,FP 腔的增益带宽将会更宽。另一方面,从加工精度的
角度看,圆形比圆环形贴片加工精度要求更低,有利于毫米波段、太赫兹波段等高频的应
用。再有,与方形或其他形状相比,圆形贴片具有沿 φ 平面完全对称的优点。这一独特的
性质使其在实际应用中具有一定的价值,特别是对于圆极化天线。

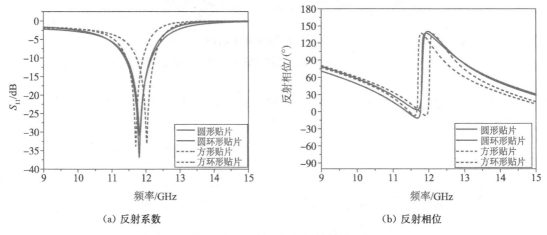

(a) 反射系数　　　　　　　　　　　　　(b) 反射相位

图 4-4　不同形状光栅单元的反射系数

由于馈源天线具有 y 轴方向的波束扫描能力,在另一方向(x 轴)采用渐变结构,以改
善天线的辐射特性,同时尽可能地减小对 y 轴方向上波束扫描性能的影响。如图 4-5 所
示,通过改变单元结构的尺寸,仿真了 PRS 单元在 $10 \sim 17$ GHz 频段范围内的反射特性。
结果表明,通过改变贴片半径 r 和单位距离 p 两种方法,都可以对 PRS 单元的反射系数相
位进行调整,从而本书采用梯度渐变结构设计。因此,圆形金属贴片沿 y 轴方向等距离排
列,沿 x 轴方向距离梯度增加排列。我们设定光栅覆盖层的圆形金属片阵列具有相同的
半径和梯度渐变的距离(p_1, p_2, p_3, p_4, $\cdots$),并满足以下公式:

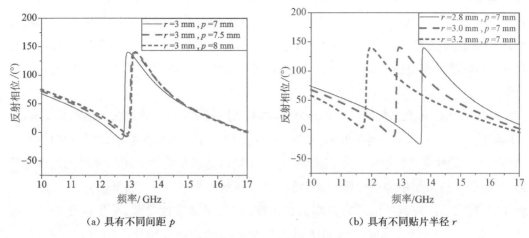

(a) 具有不同间距 p 　　　　(b) 具有不同贴片半径 r

图 4-5 单元的反射相位曲线

$$p_n = p_1 + (n-1) \times \mathrm{d}p \qquad (4-3)$$

值得强调的是,上述模型不应忽视两点。一方面,式(4-1)和(4-2)中的 FP 腔模型仅是基于中心频率点,而不是在较宽带宽范围内。另一方面,特征模型是基于无限周期阵列模型而非有限阵列大小的部分反射面层。因此,在设计天线时,应将馈电天线和 PRS 作为整体同时考虑,进行参数分析和最终优化。该圆极化 FPRA 的关键指标性能包括:各个扫描波束的最大增益、3 dB 轴比带宽、3 dB 增益带宽和波束扫描范围等。这些关键参数相互关联,相互制约。这里采用逐步优化策略,首先对全局参数进行优化,其次对局部参数进行优化。

由式(4-1)可知,由于 FP 腔结构在法平面方向上的最大方向性 D_{max} 对空气层的厚度非常敏感,因此,首先考虑了空气层厚度 h_s 对天线性能的影响。如图 4-6 所示,两介质板之间的空气层厚度对天线性能有很大影响,这与上述理论推导是一致的。天线的最大增

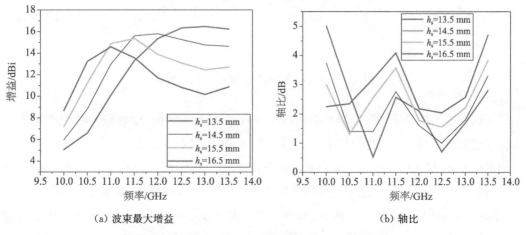

(a) 波束最大增益 　　　　(b) 轴比

图 4-6 具有不同空气层厚度 h_s 的天线仿真性能

益点随空气层厚度 h_s 的变化而移动：随着厚度 h_s 的增加，最大增益点向低频移动；随着厚度 h_s 的减小，最大增益点移向高频。同时，仿真频段中间段的轴比随高度的增加而剧烈恶化，随着高度的降低，轴比带宽逐渐变窄。因此，应该在增益带宽和轴比带宽之间进行权衡。最终选择高度为 14.5 mm，此时天线具有相对更宽的增益带宽和轴比带宽。

通过对 PRS 单元结构特征模式的分析，本书采用圆形贴片来构造需要的部分反射面，且圆形贴片尺寸 r 和单元间距 p 都可以用来调整 PRS 单元的反射系数的幅度和相位，进而调节天线的性能。在空气腔的高度确定后，开始讨论圆形贴片不同尺寸对天线性能的影响，我们考虑采用单层双面贴片阵列结构（顶部贴片半径为 r_1，底部贴片半径为 r_2），相较于单面贴片，阵列结构具有更高的自由度，增加可调节的参数，易于优化得到目标结果。如图 4-7 所示，不同尺寸的圆形天线对天线的增益和轴比性能有很大的影响。如图 4-7(a) 所示，顶部较小的贴片和底部较大的贴片会导致天线具有更高的增益。随着贴片单元尺寸的增大，高频带增益逐渐增大。然而，如图 4-7(b) 所示，较大的单元尺寸导致 3 dB 轴比带宽变窄。因此，综合这两个因素折中考虑。选择顶部贴片半径较小、底部贴片半径较大的单层双面圆形贴片阵列，贴片单元的最终优化值为 $r_1 = 1.1$ mm，$r_2 = 1.2$ mm。

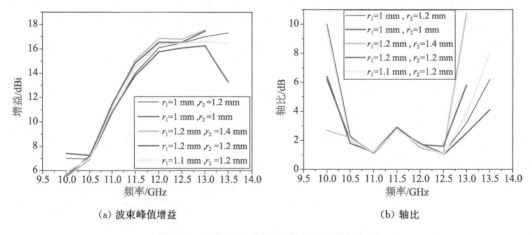

（a）波束峰值增益　　　　　　　　　　（b）轴比

图 4-7　具有不同单元尺寸的天线仿真性能

在确定了光栅覆盖层贴片单元的结构尺寸后，分析单元间距 p_1 和沿 x 轴距离梯度 d_p 对天线性能的影响。空气层厚度 h_s 固定为 14.5 mm。图 4-8 说明了单元间距 p_1 和沿 x 轴距离梯度 d_p 对天线各个方向图增益和轴比的影响。由图可以看出，在 $p_1 = 4$ mm 时，可以获得最佳的 3 dB 轴比带宽和较好的增益平坦度。图 4-8(c) 和 (d) 表明沿 x 轴距离梯度 d_p 对轴比带宽的影响非常小。然而，当沿 x 轴梯度宽度 $d_p = 0.2$ mm 时，天线具更高的增益和更好的增益平坦度。最终选择单元间距 $p_1 = 4$ mm 和沿 x 轴距离梯度 $d_p = 0.2$ mm。

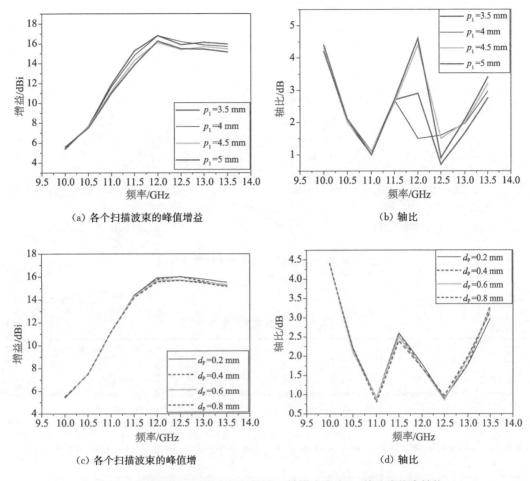

（a）各个扫描波束的峰值增益　　　　　　　　　　（b）轴比

（c）各个扫描波束的峰值增　　　　　　　　　　（d）轴比

图 4-8　具有不同单元间距 p_1 和沿 x 轴梯度宽度 d_p 的天线仿真性能

随着光栅覆盖层贴片单元的大小和间距的确定,也应该确定阵列的大小即阵列单元的数量。阵列大小影响反射波的传播长度,从而影响反射相位。如图 4-9 所示,当阵列大小为 4×32 单元或 6×32 单元时,较小的口径面积会导致天线增益值较小。随着阵列尺寸的增大,获得了更高的增益值和更宽的 3 dB 轴比带宽。然而,当阵列大小为 10×32 单元或更大时,最大增益和极化水平发生明显恶化。这可能是因为当口径增大到一定尺寸后,部分反射面上出现了反相场,导致增益抵消减小。当阵列的大小为 8×32 时,该结构具有更高的增益值和更宽的圆极化轴比带宽。最终阵列大小选择 8×32 单元。

当然,还有其他参数也可能对宽带频扫天线的性能有一定影响,如基板的宽度和厚度等。优化得到的天线具体结构参数如表 4-1 所示。非加载和加载相位调整 PRS 层的天线三维辐射方向图如表 4-2 所示,由于加载了 PRS, x 轴方向天线方向性得到了明显的增强,特别是在较高的频带。和预测的一样,保持了天线在 y 轴方向的波束扫描能力。

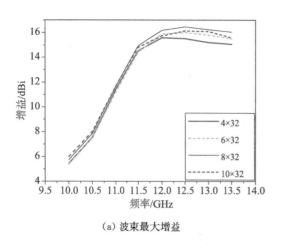

（a）波束最大增益

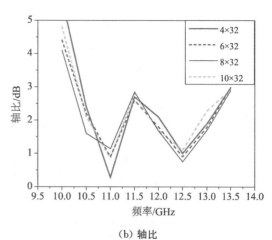

（b）轴比

图 4-9　具有不同阵列大小的天线仿真性能

表 4-1　天线优化参数表　　　　　　　　　　　　　　　　单位：mm

w	p	h	t	l	w_s	a
10.6	16	1.524	4.8	7.4	0.4	3
d_x	d_y	d_w	w_1	w_2	m	n
1.5	2.4	4.6	3.7	4.3	40	48
h_s	p_1	d_p	r_1	r_2	r_0	p_0
14.5	4	0.2	1.1	1.2	0.4	1.6

表 4-2　天线三维辐射方向图

	11 GHz	12 GHz	13 GHz
馈电天线			
加载光栅覆盖层天线			

4.2.2 天线测试结果与讨论

为了验证上述分析,在优化设计后制作了基于相位校正光栅覆盖层加载的增益增强型圆极化 SIW 漏波天线实物模型,并进行了测试分析。天线实物图如图 4-10 所示,分为下层馈电天线和上层光栅覆盖层。加载天线的馈电层与光栅覆盖层之间采用塑料螺钉调节保持 14.5 mm 的空气层厚度。

(a) 馈电天线

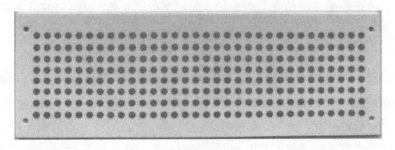

(b) 光栅覆盖层结构

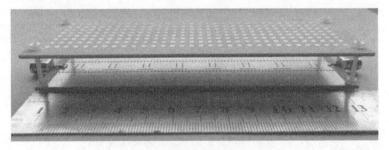

(c) 光栅覆盖层加载天线

图 4-10 基于相位校正光栅覆盖层加载的增益增强型圆极化 SIW 漏波天线实物图

光栅覆盖层加载天线的仿真和测量反射系数如图 4-11(a)所示。结果表明,实测曲线的趋势与仿真结果曲线吻合较好。在 9.1～14.6 GHz 频段之间测量的反射系数低于 −10 dB,相对带宽为 46.4%。天线轴比的仿真和测量曲线如图 4-11(b)所示,仿真和测量结果基本保持一致。在大多数工作频段范围内(10.5～13.5 GHz),仿真和测量的轴比均小于 3 dB,3 dB 轴比带宽达到 25%。该设计天线具有良好的圆极化性能。

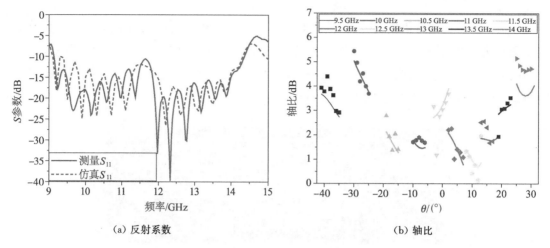

（a）反射系数　　　　　　　　　　　（b）轴比

图 4-11　光栅覆盖层加载天线的仿真和测试结果

图 4-12 对 yOz 平面上仿真和测量的方向图进行了比较。图 4-12(a)表明,馈电天线的仿真和实测方向图吻合较好,波束扫描角度范围为 $-38°\sim+28°$。测量得到各测量频点辐射方向的峰值增益范围是 $6.37\sim10.3$ dBic,而仿真的峰值增益范围是 $7.45\sim10.94$ dBic,这种轻微误差可能是由制造公差和测量误差导致的,但在可接受范围内。图 4-12(b)比较了光栅覆盖层加载天线的仿真和测量的方向图,可以看到两曲线结果吻合较好。和非加载类型（即馈电天线）相比,光栅覆盖层加载天线的扫描波束的最大增益提高了约 $4\sim5$ dB,同时天线波束扫描范围基本不变。实测结果和仿真结果对比,验证了该设计方案的可行性,实现了对圆极化频率漏波天线的增益提升。

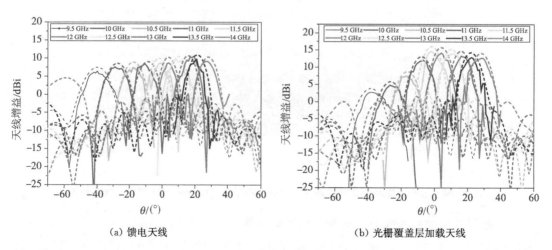

（a）馈电天线　　　　　　　　　　　（b）光栅覆盖层加载天线

图 4-12　仿真和测试方向图对比

4.3　设计 2：基于人工电磁结构的高增益宽扫描范围圆极化漏波天线

4.3.1　天线设计与分析

根据 SIW 缝隙漏波天线的理论，扫描角度变化量与相邻单元缝隙之间相位差的关系可表示如下：

$$\Delta\varphi = \beta_{SIW} \times L \tag{4-4}$$

$$\Delta\theta = \arcsin\frac{\Delta\varphi}{\beta_0 d} \tag{4-5}$$

式中，β_0 是自由空间传播常数；d 是两相邻辐射单元间的物理距离；β_{SIW} 是 SIW 中的传播常数；L 是相邻辐射单元之间的传输线距离；$\Delta\varphi$ 是相邻单元缝隙之间的相位差；$\Delta\theta$ 是天线的扫描角度变化量。

目前，有两种常用的方法来增大天线的波束扫描范围。一种是将慢波结构引入天线设计中，慢波结构具有更大的传播常数值，即 $\beta_{SIW} > \beta_0$，此时在相同的辐射单元距离下，采用慢波结构可以提高相邻单元缝隙之间的相位差 $\Delta\varphi$，进而增大天线的波束扫描范围。另一种方法是当导波结构材料和工作频率确定时，结构的传播常数 β_{SIW} 将保持不变，可以通过增大相邻辐射单元之间的传输线距离 L，使得相位差 $\Delta\varphi$ 增大进而增大天线的扫描范围。为了保证辐射单元的空间间距，应防止因距离拉大而导致栅瓣出现，考虑采用弯折传输线结构以达到增大相邻辐射单元之间的传输线距离，缩小了结构纵向尺寸，提高了方案的可行性。

圆极化 SIW 缝隙漏波天线结构如图 4-13 所示，采用微带渐变线 - SIW 转换结构馈电。为了产生圆极化辐射，天线单元采用正交放置一对缝隙对，且两缝隙中心距离为 1/4 波导波长，即使其相位相差 90°。因此当天线从一端口馈电时，两缝隙辐射出的等辐且相差 90°的线极化波能够在空间合成圆极化波。通过微调缝隙对之间的距离以及倾角，可以获得更好的圆极化性能。通过在 SIW 结构表面上刻蚀八组周期排列的矩形缝隙对，当天线从一端馈电时，该周期漏波结构可以实现圆极化波束扫描功能。为了增大天线的波束扫描范围，将 SIW 传输线结构弯折。弯折结构后的模型如图 4-13(b) 所示，由于能量在传输线中通过相邻辐射单元的方向是相反的，为了使各辐射单元在中心频率处同相激励，应设计相邻辐射单元的馈电相位差 $\Delta\varphi = (2k+1) \times 180°$，$k$ 为自然数，以保证天线在中心频率处产生边射辐射方向图。其中，k 越大，波束最大偏转角越大，辐射单元传输线距离增大，天线总尺寸增大。为了避免整体尺寸过大，选择 $k=1$，即 $\Delta\varphi = 540°$。

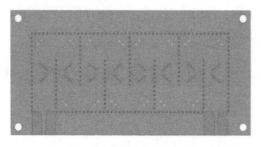

（a）直线结构

（b）横向弯折结构

图 4-13　圆极化 SIW 缝隙漏波天线结构图

天线采用相对介电常数 $\varepsilon_r=2.2$、介质损耗角正切 $\tan\delta=0.0009$ 的 Rogers 5880 介质板，尺寸为 97.6 mm×44.6 mm。每个折角处的两个金属通孔可用来调整减小反射效应以获得更好的传输特性。图 4-14 给出了天线在工作频率 16 GHz 的电场分布图，可以看到每段横向传输线上均匀分布有三个电场峰值，从而证明了 $k=1$，即相邻辐射单元的馈电相位差 $\Delta\varphi=(2k+1)\times180^\circ=3\times180^\circ=540^\circ$。

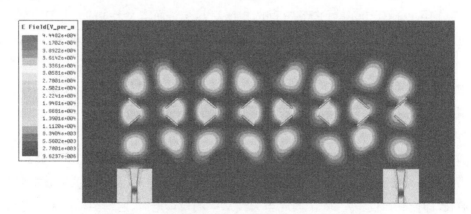

图 4-14　弯折结构 SIW 缝隙漏波天线电场分布图

图 4-15 为缝隙漏波天线方向图仿真结果对比。图 4-15(a) 是八单元直线结构天线在 yOz 平面的辐射方向图，在 14～17 GHz 工作频率范围内波束扫描范围为 -5°～$+19^\circ$ (24°)；图 4-15(b) 为弯折结构天线的仿真方向图，在相同的工作频率范围内（14～17 GHz），波束扫描范围增加到 -54°～$+23^\circ$(77°)，最大增益约 11.7 dBi。通过对比可以看出，采用弯折结构设计，天线波束扫描范围约增大到原来的 3 倍。

图 4-16 给出了天线分别采用直线结构和弯折结构的轴比曲线仿真结果对比。直线结构天线的 3 dB 轴比带宽为 14.5～16.5 GHz（相对带宽为 12.9%），而对弯折结构进行优

化仿真之后同样能够实现相同范围的圆极化带宽,甚至某些频点的轴比更低,圆极化特性更好。

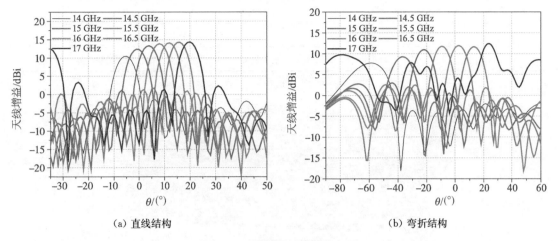

（a）直线结构　　　　　　　　　　　（b）弯折结构

图 4-15　缝隙漏波天线方向图

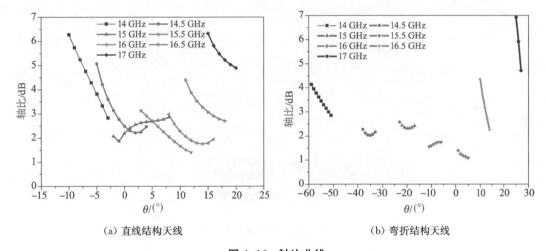

（a）直线结构天线　　　　　　　　　（b）弯折结构天线

图 4-16　轴比曲线

在上一节中我们设计引入了光栅覆盖层结构,结合下层圆极化漏波天线,设计构造了 FPRA,通过构造具有较小反射相位变化斜率的 PRS 结构,实现了圆极化漏波天线的增益增强和更宽的增益带宽。本节中,我们同样设计加载新型人工电磁结构,构造 FPRA,进一步实现增益的提升。

加载人工电磁结构的漏波天线结构如图 4-17 所示。天线由两层基板组成,均采用 Rogers5880 介质板（$\varepsilon_r = 2.2$,$\tan\delta = 0.000\,9$）,尺寸均为 97.6 mm×44.6 mm,上下两层结构由塑料螺钉固定并调节空气层厚度。下层为上面设计的弯折结构圆极化 SIW 缝隙漏波天线;上层为设计加载的新型人工电磁结构,通过在较厚的介质板中周期性地打过孔构成 PRS 结构,具体设计原理同上,此处不再赘述。天线具体结构参数如表 4-3 所示。

表 4-3　天线参数表　　　　　　　　　　　　　　　　　　单位：mm

h_1	h_2	h_3	L	W	D	l_1	h_1
4.5	9.5	0.5	97.6	44.6	3	4.1	4.5
w_1	t	t_1	t_2	w_2	r_0	p_0	
0.4	4	1.4	2.3	9.6	0.4	1.6	

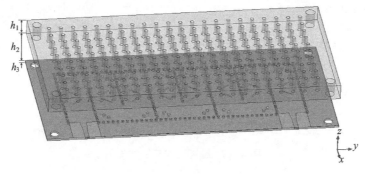

（a）透视图

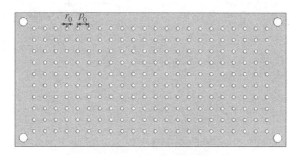

（b）人工电磁结构俯视图

图 4-17　人工电磁结构漏波天线结构图

如图 4-18 所示为设计加载人工电磁结构和非加载天线的方向图仿真结果对比。图 4-18(a) 为弯折结构 SIW 缝隙阵列天线的方向图仿真结果，显示在相同的工作频率范围内 (14～17 GHz)，波束扫描范围达到 −54°～+23°(77°)，最大增益约 11.7 dBi。图 4-18(b) 为加载人工电磁结构的 SIW 缝隙阵列天线辐射方向图，最大增益达到约 14.1 dBi，相较于非加载结构，天线的增益特性得到明显提高，最大增益提高约 2.4 dB，且对非加载天线的波束扫描范围基本不产生影响。

图 4-19 给出了加载人工电磁结构的 SIW 缝隙阵列天线和非加载天线的轴比曲线仿真结果对比。非加载结构天线的 3 dB 轴比带宽为 14.5～16.5 GHz(相对带宽为 12.9%)，而设计加载人工电磁结构之后，天线同样能保持相对较好的圆极化特性，优化仿真之后天线基本能够实现相同范围的圆极化轴比带宽。

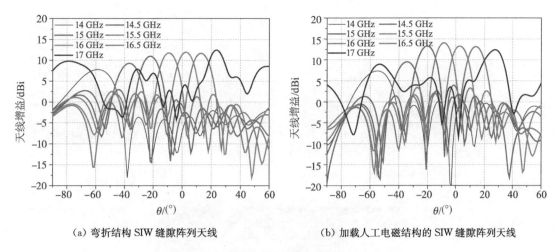

（a）弯折结构 SIW 缝隙阵列天线　　　　（b）加载人工电磁结构的 SIW 缝隙阵列天线

图 4-18　天线方向图

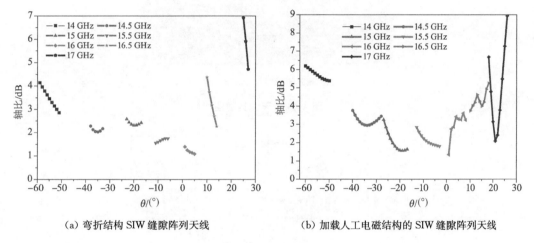

（a）弯折结构 SIW 缝隙阵列天线　　　　（b）加载人工电磁结构的 SIW 缝隙阵列天线

图 4-19　轴比曲线图

4.3.2　天线测试结果与讨论

　　对上述优化结果进行加工测试验证，如图 4-20 所示为天线实物加工图。圆极化波束扫描缝隙漏波天线和人工电磁结构覆盖层均印刷在相对介电常数 $\varepsilon_r = 2.2$、损耗角正切 $\tan\delta = 0.0009$ 的介质板上，厚度分别为 1.5 mm 和 4.5 mm。两层结构由空气螺钉调整固定间距。天线的优化参数如表 4-3 所示。

　　图 4-21 给出了加载人工电磁结构的 SIW 缝隙漏波天线的反射系数仿真和测试结果。可以看出，仿真和测试曲线大致趋势基本吻合，但略微具有频率偏移，该误差主要是由制作误差和测量误差导致的，实测的天线－10 dB 阻抗带宽为 12.6～16.9 GHz，相对带宽为 29.2%。图 4-22 给出了加载人工电磁结构天线的方向图仿真与实测结果，具有较好的

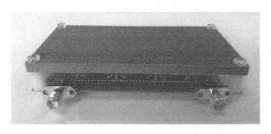

（a）基于人工电磁结构的圆极化 SIW 缝隙漏波天线

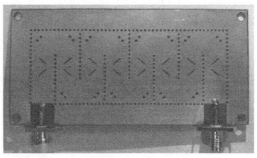

（b）底层馈电天线

（c）加载的新型人工电磁结构

图 4-20　天线实物图

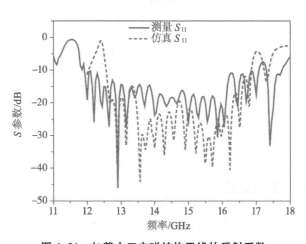

图 4-21　加载人工电磁结构天线的反射系数

一致性。相较于仿真结果,实际测量得到的波束扫描范围基本保持不变($-54°\sim+23°$),而各频点峰值增益下降了约 1.4 dB,这可能主要是由加工误差和装配 SMA 转接头带来的损耗造成的。相较于非加载结构天线,增益得到明显提高,最大增益提高约 2.4 dB。图4-23 给出了天线在各测量频点辐射方向上的轴比曲线。可以看出,加载人工电磁结构天线的测试和仿真轴比曲线吻合较好,在大部分工作频段内基本实现了圆极化辐射,3 dB 轴比带宽为 2 GHz(14.5～16.5 GHz)，相对带宽约为 12.9%。实验结果验证了理论分析。即采用弯折线和人工电磁结构可以获得更大的波束扫描范围和更高的辐射增益。

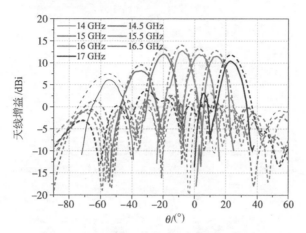

图 4-22　加载人工电磁结构天线的仿真(虚线)与实测(实线)方向图

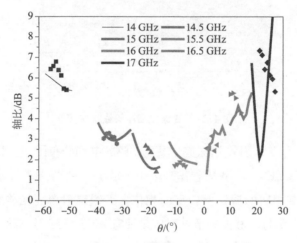

图 4-23　加载人工电磁结构天线的轴比曲线

4.4　设计 3：基于 SIW 谐振腔 TE_{220} 模的高增益漏波天线

4.4.1　线极化漏波天线设计与分析

本节所提出的线极化漏波天线结构如图 4-24 所示，由两层 F4BM 介质板组成，相对介电常数 $\varepsilon_r=2.2$，损耗角正切 $\tan\delta=0.001$。下层为基于 SSPP 的慢波传输线，上层为基于 SIW 谐振腔高阶模的缝隙天线阵。两层介质板的厚度均为 0.508 mm。

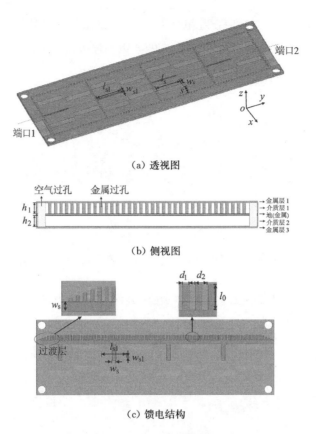

（a）透视图

（b）侧视图

（c）馈电结构

图 4-24　线极化漏波天线结构图

如图 4-25 所示为方形 SIW 谐振腔中 TE_{220} 模的电场分布图,腔内等距离分布有 2×2 个驻波电场。可以把 TE_{220} 模 SIW 看作是由中心轴分开的两排平行基模波导结构,每两个相邻驻波电场具有相同的振幅但相反的相位。天线辐射单元结构如图 4-26 所示,在 SIW 谐振腔上表面上沿每个驻波峰值处对应刻蚀有 2×2 槽阵列,从而产生漏波。每对槽之间间隔半波导波长,这样就引入了 $180°$ 相位差,而它们又被对称地放置在中心轴的两侧,于是引入了另一个 $180°$ 的相移,使得每一对缝隙产生同相辐射。因此,天线辐射单元可以获得边射方向图。

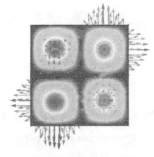

图 4-25　SIW TE_{220} 模电场和表面电流分布

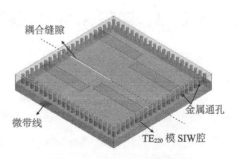

图 4-26　天线单元的结构图

SIW 高阶模式谐振腔通常有两种基本的馈电方式：一种是同轴探针馈电，但该馈电方式很难确定馈电点的位置，且带宽通常较窄；另一种是微带缝隙耦合馈电，它具有更宽的阻抗带宽。如图 4-26 所示，沿着 SIW 谐振腔的中轴线使用一个缝隙来激励 TE_{220} 模式。辐射单元由两层基板和三个金属铜层组成，在最上层铜层上刻蚀 2×2 单元槽阵列，以辐射电磁波。耦合缝隙刻蚀在中间层铜皮上，该层也是金属地层。微带线刻蚀在最下层铜皮上。SIW 谐振腔是由一系列介于第一和第二铜层之间的金属化过孔构成的金属墙形成的。因此，电磁波能量由微带缝隙耦合结构激励，并在上层 SIW 腔中形成 TE_{220} 谐振模式。

天线单元参数见表 4-4，尺寸为 $1\lambda_0 \times 1\lambda_0 \times 0.05\lambda_0$。反射系数和增益仿真结果如图 4-27 所示，天线的 $-10\ \mathrm{dB}$ 阻抗带宽覆盖 $13.7 \sim 14.95\ \mathrm{GHz}$（相对带宽 8.7%），且可获得 $9.7\ \mathrm{dBi}$ 的峰值增益。天线在 $14.5\ \mathrm{GHz}$ 的 xOz 平面和 yOz 平面的方向图分别如图 4-28（a）和（b）所示，可以看出，实现了边射和低交叉极化性能，两个平面的交叉极化都低于 $-22\ \mathrm{dB}$。

通过级联四个辐射单元并在中心频率 f_0 处进行同相馈电设计天线阵列，结构如图 4-24 所示，SSPP 传输线刻蚀在厚度 $h_2 = 0.508\ \mathrm{mm}$ 的下层介质板底面，由一系列金属条带沿微带线的一侧周期性排列而成。为了更好地匹配 $50\ \Omega$ 的馈电端口，微带线的宽度经计算设置为 $w_s = 1.4\ \mathrm{mm}$。金属条带的宽度和长度分别为 d_1 和 l_0，SSPP 周期长度设置为 d_2。

表 4-4　天线参数表　　　　　　　　　　　　　　　　单位：mm

l_s	w_s	s	d_1	d_w	p_0	d_r
9.2	2	3	6.4	2.2	1.02	0.5
α	l_c	p	h	h_1	h_2	h_3
45°	20	20.4	2	0.508	0.508	0.508
l_{sl}	w_{sl}	w_s	d_1	d_2	l_0	d_{l_0}
9.2	0.4	1.4	0.5	1	2	4

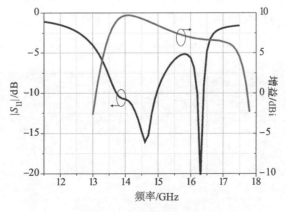

图 4-27　天线单元的反射系数和增益仿真结果

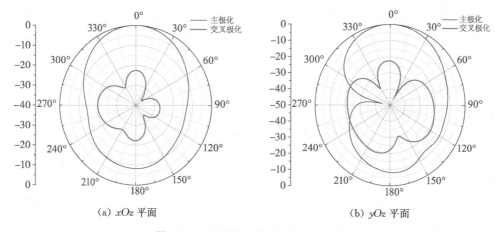

(a) xOz 平面　　　　　　　　(b) yOz 平面

图 4-28　天线单元的方向图仿真结果

SSPP 传输线和微带传输线的单元仿真色散曲线如图 4-29 所示。结果表明,两种传输线结构的色散特性曲线均处于慢波区($\beta>k$)。与微带线结构相比,SSPP 单元具有更好的相移特性($\beta_{SSPP}>\beta_{微带线}$)。因此,由 SSPP 传输线结构馈电的辐射单元可以获得更大的相位差,从而增大天线的波束扫描范围。

如图 4-30 所示,比较了 SSPP 传输线和微带线的仿真电场分布。由于结构的慢波特性,与微带线相比,SSPP 结构的波长明显减小。可以看出,由 SSPP 馈电的各辐射单

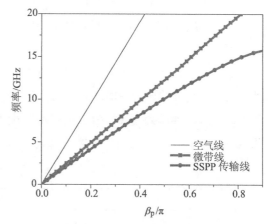

图 4-29　SSPP 传输线和微带线单元的色散特性曲线

元是以同相激励的。图 4-31 比较了由两种传输线馈电的四元线极化漏波天线的仿真方向图。如图 4-31(a)所示,微带线馈电的天线在 13~17.5 GHz 的频段内,波束扫描角为 27°(范围是+6°~+33°),增益范围为 11.5~15.5 dBi。在相同频段内,由 SSPP 馈电的天线的波束扫描角提高到 51°(范围是-19°~+32°),增益范围为 11.2~15.4 dBi。相较于微带传输线馈电,采用 SSPP 馈电的四元漏波天线,扫描范围增大为原来的两倍左右。

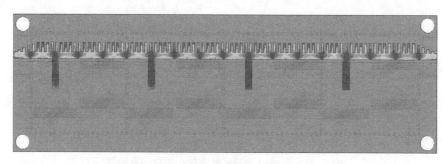

(a) 微带线

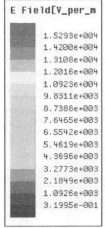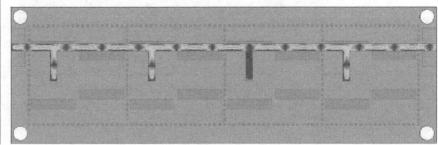

（b）SSPP 传输线

图 4-30　不同传输线结构的电场分布仿真结果

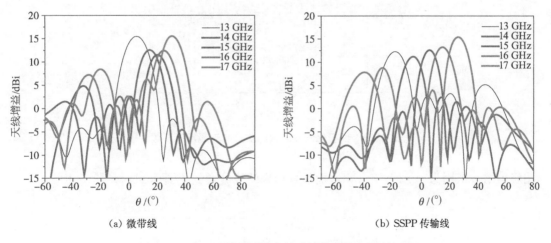

（a）微带线　　　　　　　　　　　　（b）SSPP 传输线

图 4-31　由不同传输线馈电的线极化漏波天线方向图

4.4.2　线极化漏波天线测试结果与讨论

为了验证上述理论分析结果,对所设计优化的基于 SIW TE_{220} 模式的四元线极化漏波天线进行了加工制作和测试。实物如图 4-32 所示,上下两层介质板是单独制作的,并用塑料螺钉进行连接固定。天线仿真和测量的反射系数曲线如图 4-33 所示,测量与仿真曲线吻合较好。结果差异可能是由加工和装配测量误差导致的。测量的反射系数在 12.6~21.8 GHz 的频带范围内低于 $-10\,\mathrm{dB}$,相对带宽约为 53.5%。

如图 4-34 所示为天线在 yOz 平面上的测量(实线)和仿真(虚线)辐射方向图。结果表明,两种曲线达到很好的一致性,都实现了 $-24°\sim+32°$ 的波束扫描范围。测量的方向

图 4-32　线极化漏波天线加工实物图

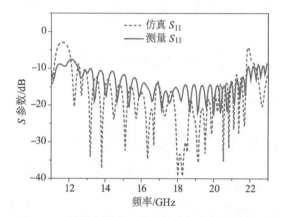

图 4-33　线极化漏波天线的仿真和实测反射系数

图峰值增益范围为 10.2～12.4 dBi,而仿真结果的峰值增益范围是 11.4～13.5 dBi。

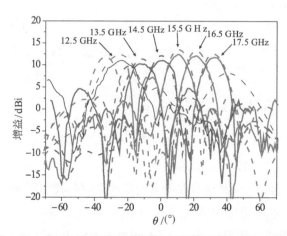

图 4-34　线极化漏波天线的仿真(虚线)和实测(实线)方向图

4.4.3　圆极化漏波天线设计与分析

通过在天线上方加载一层线－圆极化转换器,可以很容易地将上节四元线极化漏波天线转换为圆极化漏波天线,该极化转换器由高度 $h = 2\text{ mm}$ 的空气层隔开,如图 4-35 所示。下层为上节讨论的基于 SIW TE_{220} 模式的四元线极化漏波天线,上层为线－圆极化转换器,上下两层结构由塑料螺钉调节控制加载高度。极化转换器的微带偶极子的数目与下层辐射缝隙的数目相同,每个偶极子对应放置在相应缝隙的上方,并基于 y 轴旋转 α 角度。偶极子阵列印刷在和下层天线相同的基板上($\varepsilon_r = 2.2$,$\tan\delta = 0.001$),厚度 $h_3 = 0.508\text{ mm}$。

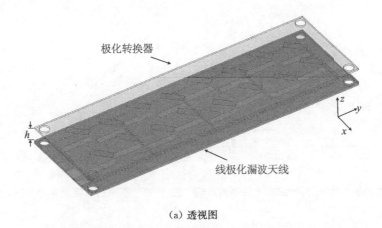

(a) 透视图

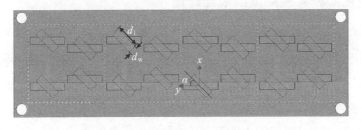

(b) 俯视图

图 4-35　圆极化漏波天线的结构图

这里对影响极化转换器性能的一些重要参数进行了分析。仿真发现,加载高度 h、偶极子旋转角 α 以及偶极子长度 d_l 对天线轴比(AR)影响较大,但对阻抗匹配影响较小;采用固定加载高度 h 来调整旋转角度 α 和采用固定旋转角度 α 来调整加载高度 h 两种方式优化轴比带宽效果基本相同。为便于分析,选择固定旋转角度 $\alpha = 45°$,调整偶极子长度 d_l 以及极化转换器加载高度 h 对结构进行优化。

首先,对具有不同偶极子长度 d_l 的轴比性能进行比较。如图 4-36 所示为漏波天线在各扫描频率处的主辐射方向的轴比大小。可以看出,当其他参数固定不变时,随着偶极

子长度 d_l 在一定范围内的减小，低频处的轴比升高，高频处的轴比下降。当 $d_l = 6.4\ \text{mm}$ 时，结构在 $12.5 \sim 17.5\ \text{GHz}$ 的频段内具有最优 3 dB 轴比带宽。不同偶极子宽度 d_w 影响较小，不做主要讨论。

其次，固定偶极子的旋转角度 $\alpha = 45°$，对不同极化转换器加载高度 h 的轴比性能进行比较。如图 4-37 所示为漏波天线在各扫描频率处的主瓣方向的轴比大小。随着 h 的升高，低频处的轴比下降，高频处的轴比升高。当 $h = 2\ \text{mm}$ 时，天线在 $12.5 \sim 17.5\ \text{GHz}$ 频段内具有最优轴比性能和最宽的 3 dB 轴比带宽，且增益较非加载结构略有提升。

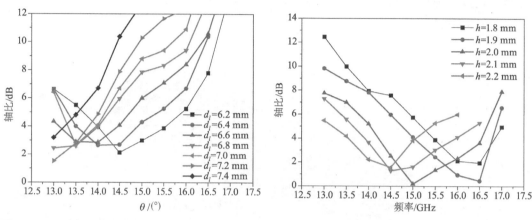

图 4-36　不同偶极子长度 d_l 对天线轴比性能的影响　图 4-37　不同加载高度 h 对天线轴比性能的影响

4.4.4　圆极化漏波天线测试结果与讨论

对所设计的圆极化漏波天线进行了加工和测试。天线实物如图 4-38 所示。三层介质板是单独制作的，并采用塑料螺钉固定下面两层，并使线极化漏波天线与加载的转换器之间保持 2 mm 的间距。圆极化漏波天线的仿真和测量反射系数如图 4-39 所示。实测与仿真结果趋势较为一致，较小的差异可能是由加工和测量误差造成的。结果显示，测量的反射系数在 $12.2 \sim 22\ \text{GHz}$ 范围内低于 $-10\ \text{dB}$，相对带宽约为 57.3%。

（a）俯视图

（b）侧视图

图 4-38　圆极化漏波天线的实物图

天线在 yOz 平面上仿真和测量方向图如图 4-40 所示。结果表明,测量和仿真方向图在波束扫描范围上基本一致,达到 $-31°\sim+37°$。测量的方向图峰值增益范围是 $9.9\sim12.7$ dBic,而仿真的方向图峰值增益范围是 $11.6\sim14.2$ dBic。

该圆极化漏波天线仿真和测量得到的轴比曲线如图 4-41 所示,实测值与仿真值吻合较好,实现了 $14.5\sim16$ GHz(约 10.3%)的 3 dB 轴比带宽。根据极化转换器是否加载以及极化转换器中偶极子的方向,该天线能够灵

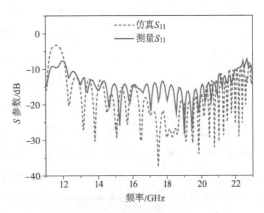

图 4-39　圆极化漏波天线的仿真(虚线)和实测(实线)反射系数曲线

活地切换为三种极化状态:线极化(LP)、左旋圆极化(LHCP)和右旋圆极化(RHCP)。

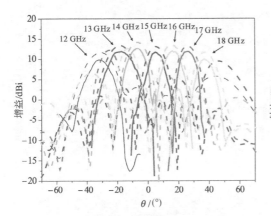

图 4-40　圆极化漏波天线的仿真(虚线)和实测(实线)方向图

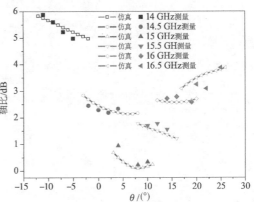

图 4-41　圆极化漏波天线的仿真(虚线)和实测(点)轴比曲线

4.5　设计 4:PRGW 漏波天线

4.5.1　PRGW 设计

本节设计中,采用图 2-14 的两层结构的 PRGW。上下两层结构通过尼龙螺钉固定,紧密结合。脊和上层金属板之间填充的是 Rogers5880 介质板,若引入空气层则需要采用更为复杂的三层结构设计。用色散曲线来分析电磁带隙结构阻带特性。从色散曲线中可以观察得到电磁带隙结构阻带的上截止频率和下截止频率。该结构的参数为:$a=1.6$ mm,$w_r=2.8$ mm,$w_d=2.8$ mm,$w_b=18.6$ mm,$d=0.4$ mm,$h_1=1$ mm,$h_2=2$ mm。

如图 4-42(a)所示是蘑菇状结构二维无穷周期性排布的色散曲线。其基模是平行板

模式,从 0 GHz 开始的一个 TEM 模,逐渐从介质线分离,截止到 11.5 GHz。其次基模从 16 GHz 开始。11.5~16 GHz 之间没有能量传播,形成了一个阻带。这个阻带的截止频率主要由间隙的高度 h_1、蘑菇状结构的高度 h_2、贴片边长 a、接地探针的直径 d 决定。图 4-42(b) 中,提取了三排蘑菇状结构并在两侧加上金属壁,形成有限宽度的结构。上下层金属板和两侧金属壁构成一个矩形波导。其在 10 GHz 以下产生了三个矩形波导模式,截止频率稍低于 11.5 GHz。更高阶的模式起始于 16 GHz 以上。11.5~16 GHz 之间依然没有可以传播的模式。电磁带隙结构的阻带就是 PRGW 工作频段。将中间一排蘑菇状结构用脊来替换,就构成了完整的 PRGW 结构,该结构色散曲线如图 4-42(c) 所示。与图 4-42(b) 最大的不同就是在原本阻带的基础上产生了一个和介质线很接近的模式。这就是我们所需要的沿着脊传播的准 TEM 模。从图上看,电磁带隙结构的阻带稍有变窄,但仍包含了 12~15 GHz 的工作频段。

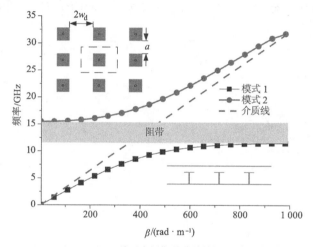

(a) 二维无穷周期蘑菇状结构

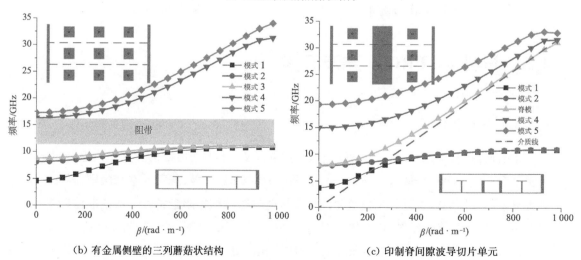

(b) 有金属侧壁的三列蘑菇状结构　　　　　(c) 印制脊间隙波导切片单元

图 4-42　蘑菇状结构色散曲线

另外,对 PRGW 结构两侧分别排布有两排和三排周期性蘑菇状结构也做了仿真分析,其结构示意图和色散曲线如图 4-43 所示。可以看出,增加脊两侧蘑菇状电磁带隙结构的排数,只是在 11.5 GHz 以下增加了几个矩形波导模式,沿脊传播的模式频段依然在 11.5~15 GHz 之间,和每侧只有一排蘑菇状结构时的性能几乎相同。为保证结构的紧凑性,该 PRGW 传输结构在脊的每侧保留一排蘑菇状电磁带隙结构即可。

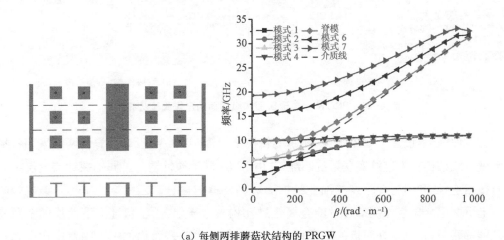

(a) 每侧两排蘑菇状结构的 PRGW

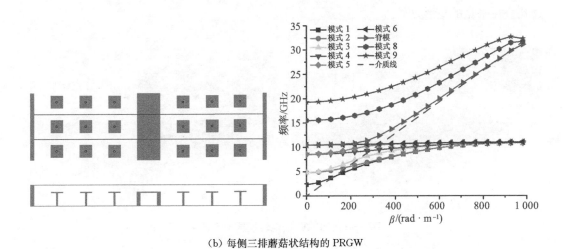

(b) 每侧三排蘑菇状结构的 PRGW

图 4-43　每侧多排蘑菇状结构的 PRGW 结构示意图和色散曲线

该 PRGW 传输结构在有无电磁带隙结构时,上表面和纵切面的电场分布如图 4-44 所示。从图 4-44(a)中我们可以看出,由于电磁带隙结构分布在脊的两侧,绝大部分的电场沿着脊分布。图 4-44(b)中将脊两侧的蘑菇状结构移除做对比,发现相当部分的能量从脊的两侧泄漏出去,脊和上层金属板之间的电场强度明显减弱。由此可见,电磁带隙结构能有效加强脊和上层金属板之间的电场强度。

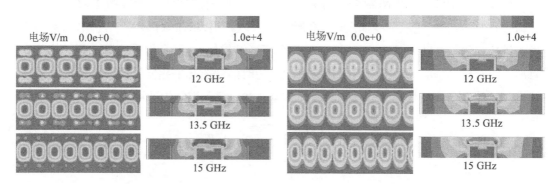

（a）加载电磁带隙结构　　　　　　　　（b）不加载电磁带隙结构

图 4-44　PRGW 上层金属面和纵切面的电场强度分布图

为方便馈电，设计了如图 4-45 所示的转换结构，该 PRGW 设计在脊的两端采用梯形的渐变带线结构作为过渡实现阻抗匹配，并由 SMA 同轴探针馈电。同轴探针与上层金属板直接相连，与和印制脊相连的渐变结构通过圆环缝隙耦合。匹配端的结构与馈电端相同。上下两层介质板外侧都有一圈金属化过孔构成金属墙，为了保证上下两层的金属化过孔能够联通，在上层介质板的下表面和下层介质板的上表面均加了一圈宽度比金属化过孔直径略宽的矩形方环。

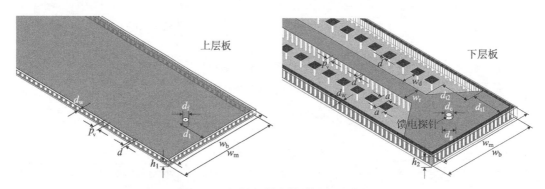

图 4-45　PRGW 馈电转换结构示意图

该 PRGW 馈电转换结构的参数为：$d_1 = 5$ mm，$d_f = 1$ mm，$d_c = 1.4$ mm，$d_g = 3$ mm，$d_{t_1} = 6.3$ mm，$d_{t_2} = 5.5$ mm，$d_w = 0.6$ mm，$w_m = 18.8$ mm，$w_b = 18.6$ mm，$w_r = 2.8$ mm，$w_d = 2.8$ mm，$a = 1.6$ mm，$d = 0.4$ mm，$p_v = 0.8$ mm，$h_1 = 1$ mm，$h_2 = 2$ mm。将两个该馈电转换结构连接，构成背对背传输结构，如图 4-46 所示。当 $L_r = 65.4$ mm 时，该 PRGW 的背对背传输结构的 S 参数仿真曲线如图 4-47 所示，图中包含了加载和不加载电磁带隙结构两种情况。可以看出，加载电磁带隙结构使该传输结构的工作带宽得到明显展宽，从 13.5～14.5 GHz 展宽到 12～15 GHz，传输损耗也有所改善。

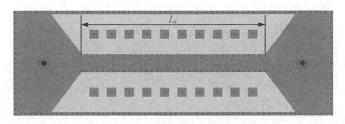

图 4-46　PRGW 背对背传输结构示意图

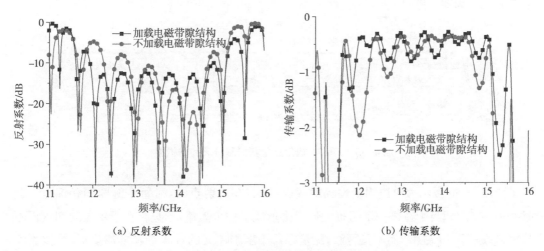

（a）反射系数　　　　　　　　　　　　（b）传输系数

图 4-47　背对背传输结构 S 参数

为了能够相对准确地测算印制脊间隙波导本身的损耗，我们引入了一个新的参数 $e = |S_{21}|^2 / (1 - |S_{11}|^2)$，叫做失配矫正传输系数。该系数可以衡量在不考虑阻抗匹配影响的情况下，波导结构本身的损耗。加载和不加载电磁带隙结构的印制脊间隙波导的失配矫正传输系数曲线，如图 4-48 所示。由图可以看出，由于电磁带隙结构的加入，该系数从 -0.44 dB 提高到 -0.27 dB，说明传输损耗得到有效降低。

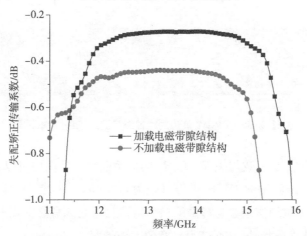

图 4-48　背对背传输结构的失配矫正传输系数曲线

4.5.2　PRGW 边射连续扫描漏波天线设计与分析

周期性漏波天线波束在随频率进行扫描通过边射点时,通常会遇到阻带,边射方向图恶化。本节设计了一款 PRGW 漏波天线,结构如图 4-49 所示。PRGW 传输结构脊的长度为 $L_r = 97.4\,\text{mm}$,传输结构的其余参数与上节相同。辐射结构为上层介质板上六对错开排布的径向缝隙阵列,该阵列缝隙周期为 p,沿水平对称轴做对称后再位移 d_p 得到,d_p 取四分之一周期长度,即 $p/4$。

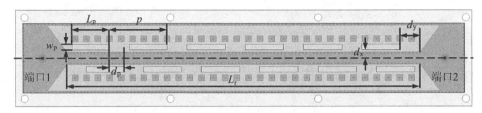

图 4-49　PRGW 边射连续扫描漏波天线结构图

如图 4-50 所示为单边周期性辐射缝隙结构,在边射点时,对每个缝隙同相馈电。此时 $\beta_0 p = 2\pi$,相当于在每一个阻抗的位置都形成了一个短路,场只存在于单元周期内而不传输,形成了一个驻波,而不是行波,能量在每个辐射单元的输入端都形成反射,严重影响了天线输入端的匹配。当引入对称缝隙结构,并位移四分之一周期长度 $d_p = p/4$ 时,每个周期内就有了两个辐射单元,且输入端相位差为 $\beta_0 d_p = \pi/2$。相应的周期内两辐射单元处的反射相位差为 $2\beta_0 d_p = \pi$,刚好能够反相相消,有效地改善了天线的输入阻抗。单边周期性辐射缝隙结构和本节改进的对称位移辐射缝隙结构的 S 参数和方向图对比曲线如图 4-51 和图 4-52 所示。由图可知,改进的辐射结构有效改善了天线在 13.4～14.3 GHz 的阻抗匹配,并且改善了天线在边射时的方向图和整体的增益平坦度。

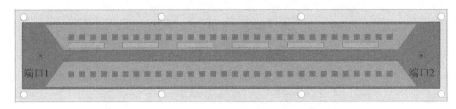

图 4-50　PRGW 单边周期性缝隙漏波天线结构图

如图 4-53 为天线 S 参数与关键参数 d_p 的关系曲线。从图中可以看出,当 d_p 不为四分之一周期长度 $p/4$ 时,漏波天线波束经过边射点时(约 14 GHz)的阻抗匹配较差,反射系数大于 -10 dB,参数扫描结果与理论结果一致;当 d_p 为四分之一周期长度 $p/4 = 4\,\text{mm}$ 时,天线边射点阻抗性能最佳,从而获得较宽的工作带宽。

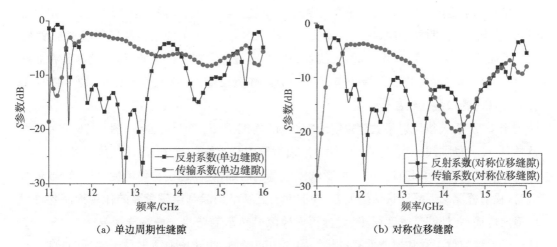

（a）单边周期性缝隙　　　　　　　　　（b）对称位移缝隙

图 4-51　单边周期性辐射缝隙和对称位移辐射缝隙漏波天线仿真 S 参数

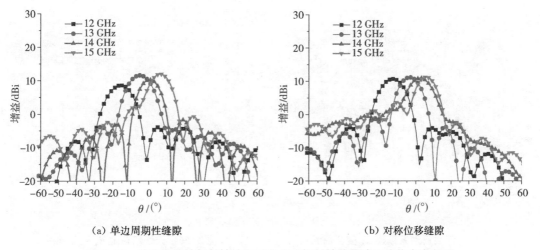

（a）单边周期性缝隙　　　　　　　　　（b）对称位移缝隙

图 4-52　单边周期性辐射缝隙和对称位移辐射缝隙漏波天线仿真方向图

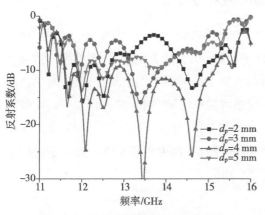

图 4-53　天线 S 参数随 d_p 变化曲线

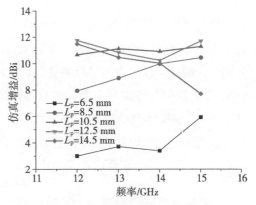

图 4-54　天线增益随 L_p 变化曲线

增加辐射缝隙长度 L_p 能够有效增大辐射口径,提高天线增益。但当增加到一定程度时,天线增益不再明显增加,甚至会降低增益。如图 4-54 为天线增益和辐射缝隙长度 L_p 的关系曲线,当 L_p＝14.5 mm 时,天线各频点的增益都出现了一定的下降,尤其是在高频段(15 GHz)增益明显降低。综合考虑选择辐射缝隙长度 L_p＝10.5 mm 时,12～15 GHz 整个频带内的增益达到最佳。

图 4-55 为天线反射系数随辐射缝隙距对称轴距离 d_x 变化的曲线,图 4-56 为天线增益随 d_x 变化的曲线。当 d_x 取值很小时,辐射缝隙靠近脊的正上方,此处能量特别集中,引入辐射缝隙反倒引起较大的反射影响馈电端的匹配,进而影响辐射特性。当 d_x 取值很大时,辐射缝隙靠近蘑菇状结构上方,周期性蘑菇状结构起到电磁带隙的作用抑制各种模式横向传播,此处能量密度很小,设置辐射缝隙必然影响增益。最终选择 d_x＝2.25 mm,此时辐射缝隙位于脊和周期性蘑菇状结构的中间区域,此处场强适中易于实现阻抗匹配,且天线在整个频带内增益良好。

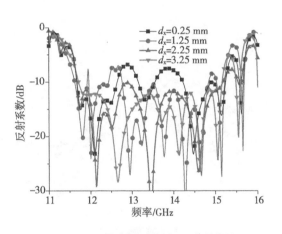

图 4-55　天线反射系数随 d_x 变化曲线　　　　图 4-56　天线增益随 d_x 变化曲线

4.5.3　PRGW 边射连续扫描漏波天线测试结果与讨论

经过优化,PRGW 漏波天线结构参数为：L_p＝10.5 mm, w_p＝1.5 mm, p＝16 mm, d_p＝4 mm, d_x＝2.25 mm, d_y＝5.45 mm, L_r＝97.4 mm,其余 PRGW 传输结构参数与上节相同。制作天线实物并进行测试,以验证仿真实验结果,天线实物如图 4-57 所示。图 4-58 为天线仿真与实测 S 参数曲线。天线反射系数仿真结果在 11.67～15.18 GHz 范围内小于 -10 dB,实测结果为 11.92～15.56 GHz,略有频偏但仍包含了 12～15 GHz 的工作频带。图 4-59 为天线仿真与实测方向图,其详细的辐射特性可见表 4-5。天线实测扫描范围为 $-12°$～$+6°$,实测增益范围为 9.34～11.25 dBi。

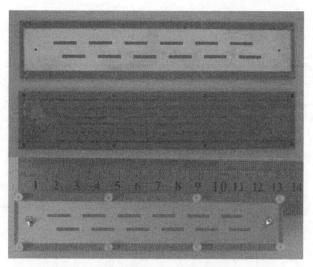

图 4-57　PRGW 边射连续扫描漏波天线实物图

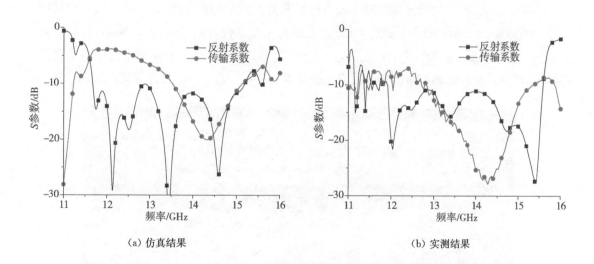

（a）仿真结果　　　　　　　　　　　　　　（b）实测结果

图 4-58　PRGW 漏波天线仿真与实测 S 参数曲线

表 4-5　PRGW 漏波天线最大辐射方向和增益仿真与实测结果

频率/GHz		12	13	14	15
最大辐射方向/(°)	仿真值	−13	−4	2	6
	实测值	−12	−1	3	6
增益/dBi	仿真值	10.67	11.12	10.91	11.23
	实测值	11.25	10.70	9.34	10.71

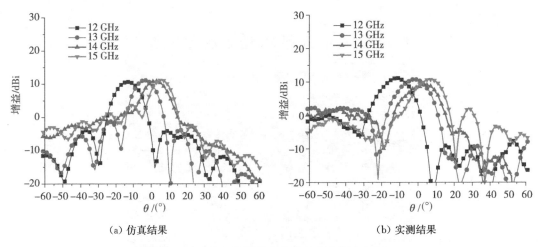

(a) 仿真结果   (b) 实测结果

图 4-59   PRGW 漏波天线仿真与实测方向图

4.5.4   PRGW 宽带圆极化漏波天线设计与分析

基于 PRGW 结构的宽带圆极化波束扫描漏波天线结构图如图 4-60 所示,天线选用 Rogers5880 介质板,采用两层结构设计。下层为 4.2 节设计的 PRGW 传输结构,厚度为 $h_2 = 2$ mm,上层为辐射阵列,厚度为 $h_1 = 1$ mm。天线在 12～15 GHz 频带内能够实现低轴比、高增益平坦度的宽带圆极化波束扫描特性。

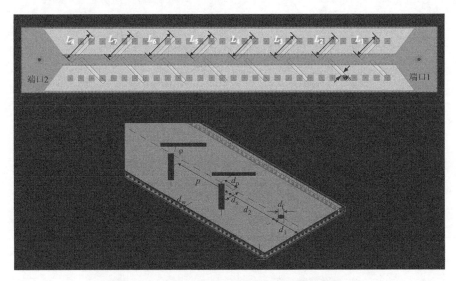

图 4-60   PRGW 宽带圆极化漏波天线结构图

PRGW 传输结构中脊长度 $L_r = 97.4$ mm,其他参数与前文背对背传输结构参数相同。辐射结构由上层介质板上的八对渐变的"八字形"缝隙构成,如图 4-60 所示。相邻两对缝隙之间间隔一个波导波长 λ_g。每对辐射缝隙,由两条长度相同,倾角为 $\pm45°$ 的缝隙组成,所以每组缝隙可以激励起一对等幅正交的 ±45° 线极化波。每组内的两条缝隙沿中心线方向，纵向间距约为四分之一波导波长 $\lambda_g/4$（13.5 GHz 处）。因此，每对等幅正交的线极化波可以获得 90° 的相位差。如图 4-61 所示，提取了一对缝隙在 13.5 GHz 处的电场分布作为示例。在 0°、90°、180°、270° 相位时，电场矢量方向顺时针周期性旋转，说明这对缝隙能够向 $+z$ 方向辐射左旋圆极化波。

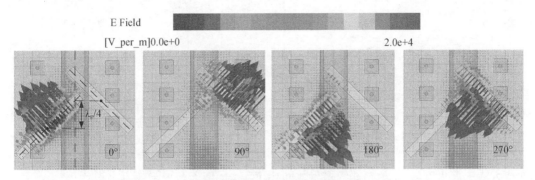

图 4-61　辐射缝隙处的电场矢量分布图（13.5 GHz）

每对缝隙沿径向距离为 $d_p \approx \lambda_g/4 = \lambda_r/(4\sqrt{\varepsilon_{\text{eff}}}) = c/(4f_r\sqrt{\varepsilon_{\text{eff}}})$，其中，$c$ 是光速，λ_r 对应指定频率 f_r 在自由空间的波长，ε_{eff} 是近似的等效介电常数。本设计中的蘑菇状单元是周期性排布的，可以看作是等效的均匀介质。蘑菇状单元的具体结构如图 4-62 所示。为了构成一个 TEM 波导，我们将单元 x 方向上的两个面设置为电壁，y 方向上的两个面设置为波端口。通过仿真该单元模型的散射参数，可以提取该结构的等效介电常数，曲线如图 4-62 所示。从图中可以估算出该结构在 13.5 GHz 的波导波长约为 12 mm，四分之一波导波长约为 3 mm。

为了使所有辐射缝隙间的能量尽可能地均匀分布，该设计中每对缝隙的长度从 L_1 到 L_8 逐渐增加。因此，该漏波天线的增益平坦度和圆极化轴比性能得到优化。$\Delta l = L_n - L_{n-1}$ 取不同值时，该漏波天线仿真的增益曲线和轴比曲线如图 4-63 所示。综合考虑增益平坦度和圆极化轴比，当 Δl 取 0.33 mm 时性能最佳。此时，从 12 GHz 到 15 GHz，天线增益平坦度小于 2 dB，圆极化性能优异的轴比始

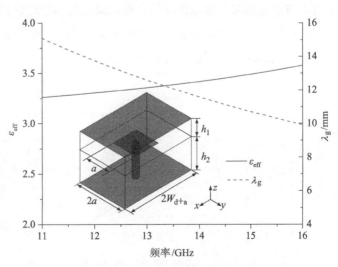

图 4-62　周期性蘑菇状结构的等效
介电常数和波导波长仿真曲线

终小于 1.5 dB。

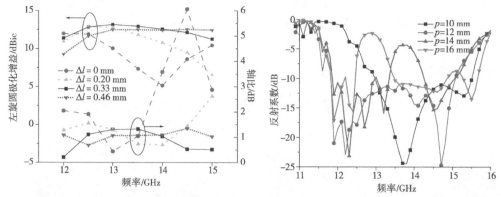

图 4-63　PRGW 宽带圆极化漏波天线
轴比随 Δ*l* 变化曲线

图 4-64　PRGW 宽带圆极化漏波天线反射
系数随 *p* 变化曲线

天线主波束方向 θ_0 和相邻辐射单元间相位差 $\Delta\varphi$ 的关系可写作以下形式：

$$\theta_0 = \arcsin\frac{\Delta\varphi}{\beta_0 d} = \arcsin\frac{\beta_{\mathrm{T}} L}{\beta_0 d} \tag{4-6}$$

式中，β_0 是自由空间相位常数；d 是相邻辐射单元间的物理距离；β_{T} 是传输结构中的相位常数；L 是连接相邻两个辐射单元的电流路径长度。该设计中相邻辐射单元间的物理距离为 p，相邻辐射单元的电流路径长度约为 $p-0.707L_n$，均与 p 相关，故调整 p 的尺寸可以调整天线的波束方向和扫描范围。图 4-64 为 PRGW 宽带圆极化漏波天线反射系数随 p 变化的曲线，图 4-65 为 p 取不同值时天线的方向图。从图 4-65 中可以看出，随着 p 的增加，波束在前向和后向区域的分布更加均匀，但波束扫描角度范围越来越窄。从图 4-64 中可以看出，在 p 增加的同时，天线的阻抗带宽会恶化变为分开的两段。为了兼顾天线的扫描范围和阻抗带宽，最终选择 $p=12$ mm。

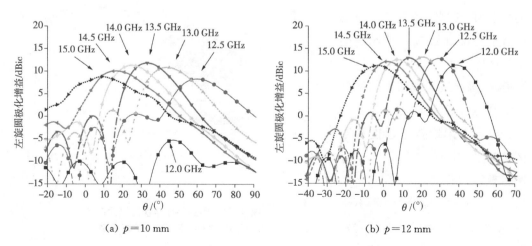

(a) $p=10$ mm

(b) $p=12$ mm

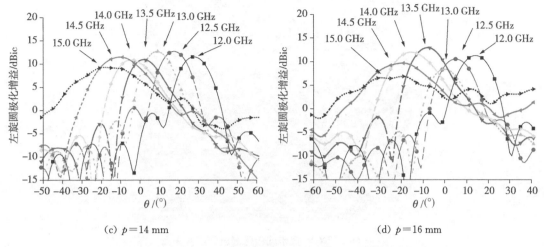

(c) $p=14$ mm   (d) $p=16$ mm

图 4-65　PRGW 宽带圆极化漏波天线 p 取不同值时的方向图

4.5.5　PRGW 宽带圆极化漏波天线测试结果与讨论

该天线优化尺寸参数由表 4-6 给出。图 4-66 展示了天线实物图。图 4-67 为该漏波天线实测与仿真 S 参数的对比图。实际测得 11.8～15.2 GHz 范围内,反射系数均小于 -10 dB,相对带宽 22%。在这个频带范围内,插入损耗大于 10 dB,意味着能量都很好地辐射出去了。主辐射方向上的轴比实测与仿真结果对比曲线如图 4-68 所示。在整个工作频带范围内,该天线的轴比均保持在 1.5 dB 以下,说明该设计具有优异的圆极化性能。图 4-69(b)为该天线在 H 面实测的左旋圆极化方向图,从 12 GHz 到 15 GHz,每 0.5 GHz 取一个观测频点。从图上我们可以看出该天线的波束从 $-2°$ 到 $47°$ 能够连续扫描。表 4-7 详细列出了在不同频点时,该漏波天线增益和主波束方向的实测与仿真值。天线增益平坦度良好,实测圆极化增益约为 11 dBic。最大增益变化幅度在 2 dB 以内。图 4-69 为实测与仿真增益对比图,实测比仿真约低 1.5 dB,这可能是由 SMA 接头引起的损耗造成的。

表 4-6　PRGW 宽带圆极化漏波天线结构参数　　　　　　单位:mm

L_1	L_2	L_3	L_4	L_5	L_6	L_7	L_8
7.5	7.83	8.16	8.49	8.82	9.15	9.48	9.81
w_s	d_1	d_2	d_p	d_s	p	φ	$\Delta l=L_n-L_{n-1}$
1	5	11.3	3	3	12	45°	0.33

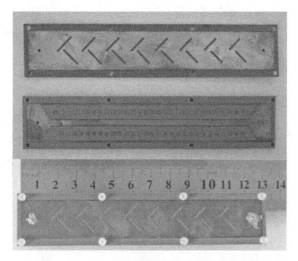

图 4-66　PRGW 宽带圆极化漏波天线实物图

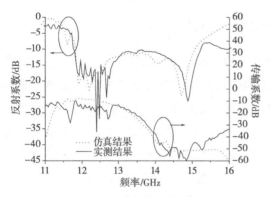

图 4-67　PRGW 宽带圆极化漏波天线
仿真与实测 S 参数

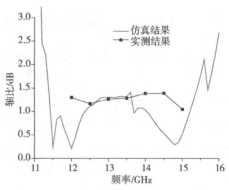

图 4-68　PRGW 宽带圆极化漏波天线
仿真与实测轴比曲线

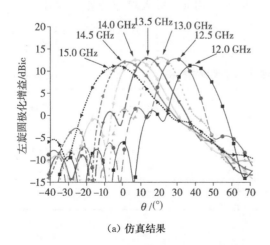

（a）仿真结果

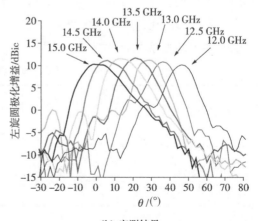

（b）实测结果

图 4-69　PRGW 宽带圆极化漏波天线仿真与实测方向图

表 4-7　PRGW 宽带圆极化漏波天线最大辐射方向、增益和轴比仿真与实测结果

频率/GHz		12	12.5	13	13.5	14	14.5	15
最大辐射方向/(°)	仿真值	39	29	21	14	8	2	−3
	实测值	47	39	28	21	13	6	−2
增益/dBic	仿真值	11.39	12.93	13.15	12.93	12.55	12.12	11.25
	实测值	10.13	10.86	11.21	11.71	11.56	11.16	10.30
轴比/dB	仿真值	0.21	1.11	1.30	1.32	1.03	0.53	0.52
	实测值	1.30	1.16	1.26	1.28	1.38	1.39	1.04

　　实际测得的波束扫描范围是−2°～47°,比仿真结果−3°～39°大了将近 10°,其角度误差可能是测量过程中没有对准引起的。另外,Rogers5880 板材原本就相对较软,在天线装配的过程中因为介质板的强度原因会产生小的形变。本设计中上层介质板较薄,下层介质板较厚,当用尼龙螺钉将两层介质板紧密结合时,整个结构的中间部分会微微向上突起。综合以上原因,造成了波束扫描范围的误差。

参考文献

［1］Lyu Y L, Meng F Y, Yang G H, et al. Periodic SIW leaky-wave antenna with large circularly polarized beam scanning range[J]. IEEE Antennas and Wireless Propagation Letters, 2017, 16: 2493-2496.

［2］Trentini G V. Partially reflecting sheet arrays[J]. IRE Transactions on Antennas and Propagation, 1956, 4(4): 666-671.

［3］Ge Z C, Zhang W X, Liu Z G, et al. Broadband and high-gain printed antennas constructed from Fabry-Perot resonator structure using EBG or FSS cover[J]. Microwave and Optical Technology Letters, 2006, 48(7): 1272-1274.

［4］Gao X, Yang W L, Ma H F, et al. A reconfigurable broadband polarization converter based on an active metasurface[J]. IEEE Transactions on Antennas and Propagation, 2018, 66(11): 6086-6095.

［5］Li K, Liu Y, Jia Y T, et al. A circularly polarized high-gain antenna with low RCS over a wideband using chessboard polarization conversion metasurfaces[J]. IEEE Transactions on Antennas and Propagation, 2017, 65(8): 4288-4292.

［6］Li Y, Cao Q S, Wang Y. A wideband multifunctional multilayer switchable linear polarization metasurface[J]. IEEE Antennas and Wireless Propagation Letters, 2018, 17(7): 1314-1318.

［7］Liu X B, Zhang J S, Li W, et al. An analytical design of cross polarization converter based on the gangbuster metasurface[J]. IEEE Antennas and Wireless Propagation Letters, 2017, 16: 1028-1031.

［8］Jia Y T, Liu Y, Gong S X, et al. A low-RCS and high-gain circularly polarized antenna with a low profile[J]. IEEE Antennas and Wireless Propagation Letters, 2017, 16: 2477-2480.

［9］Wu P, Liao S W, Xue Q. Wideband excitations of higher-order mode substrate integrated waveguides and their applications to antenna array design［J］. IEEE Transactions on Antennas and Propagation, 2017, 65(8)：4038-4047.

［10］Sun L B, Zhang Y S, Qian Z P, et al. A low profile circularly polarized antenna fed by SIW Te20 mode［C］//2017 Sixth Asia-Pacific Conference on Antennas and Propagation (APCAP). October 16-19, 2017, Xi'an, China. IEEE：1-3.

［11］Han W W, Yang F, Ouyang J, et al. Low-cost wideband and high-gain slotted cavity antenna using high-order modes for millimeter-wave application［J］. IEEE Transactions on Antennas and Propagation, 2015, 63(11)：4624-4631.

［12］Weir W B. Automatic measurement of complex dielectric constant and permeability at microwave frequencies［J］. Proceedings of the IEEE, 1974, 62(1)：33-36.

［13］Al Sharkawy M, Kishk A A. Wideband beam-scanning circularly polarized inclined slots using ridge gap waveguide［J］. IEEE Antennas and Wireless Propagation Letters, 2014, 13：1187-1190.

［14］Cheng Y J, Hong W, Wu K. Millimeter-wave half mode substrate integrated waveguide frequency scanning antenna with quadri-polarization［J］. IEEE Transactions on Antennas and Propagation, 2010, 58(6)：1848-1855.

［15］Sánchez-Escuderos D, Ferrando-Bataller M, Herranz J I, et al. Low-loss circularly polarized periodic leaky-wave antenna［J］. IEEE Antennas and Wireless Propagation Letters, 2016, 15：614-617.

［16］Zhang Q L, Zhang Q F, Chen Y F. High-efficiency circularly polarised leaky-wave antenna fed by spoof surface plasmon polaritons［J］. IET Microwaves, Antennas & Propagation, 2018, 12(10)：1639-1644.

第 5 章　平面窄边漏波天线

5.1　引言

平面窄边漏波天线,是指天线波束扫描区域在天线延伸方向的窄边平面,不同于平面宽边漏波天线,平面窄边漏波天线拥有与之相垂直的辐射面,因此可在航空、雷达、卫星、车载等应用场合实现共形,具有降低天线系统空间占比、提高装备集成度、不破坏系统空气动力学特性等优点。为提升平面窄边周期性漏波天线在圆极化辐射、波束扫描范围以及增益效率等方面的电磁性能,本章结合微带天线技术,采用 ISR、CRLH TL、SSPP 等新型人工电磁结构,进行了多款平面窄边漏波天线方案的设计。

首先,设计了一款基于 ISR 加载的圆极化窄边漏波天线。采用平面磁电偶极子结构的单元作为初始模型,通过 ISR 加载提升带宽和增益,将其周期排列形成八元阵辐射层;设计 SSPP 传输线结构作为馈电层;通过金属探针将两层介质板连接,构造了一款窄边辐射的圆极化漏波天线。各频点最大辐射方向圆极化性能良好。天线具有平面结构和窄边辐射的优势。这部分将在 5.2 节详细讨论。

其次,设计了一款基于探针加载的宽带圆极化窄边漏波天线。单元结构与 5.2 节类似,均采用了平面磁电偶极子结构。但 5.2 节的单元天线,轴比带宽较宽,而阻抗带宽受限。本节引入金属探针结构提高阻抗带宽,同时保持轴比带宽。通过调整探针位置和尺寸,有效提高了阻抗带宽。在此基础上,采用 SSPP 传输线结构作为馈电层,实现了窄边圆极化漏波天线的设计。这部分将在 5.3 节详细讨论。

最后,设计了两款基于 Vivaldi 形状贴片和寄生条带结构加载的圆极化窄边漏波天线。单元天线采用同轴馈电的方式,天线的缝隙孔径可以被视为产生垂直极化的虚拟磁偶极子,而 Vivaldi 形状贴片相当于产生水平极化的印刷电偶极子,两侧上下对称的三对寄生条带贴片用于增强水平极化分量。在单元组阵基础上,分别采用 CRLH TL 和 SSPP 传输线结构作为馈电层,实现了窄边圆极化漏波天线的设计。这部分将在 5.4 节和 5.5 节详细讨论。

5.2　设计 1：基于 ISR 加载结构的窄边圆极化漏波天线

5.2.1　天线单元设计与分析

天线单元结构原理可参考图 5-1。该天线采用了磁电偶极子结构,其基本原理与 3.5 节中所述类似,但磁偶极子和电偶极子的设置方向和实现方式有所不同。根据文献[1],远区某一虚拟观察点处的合成电场可通过以下公式得到:

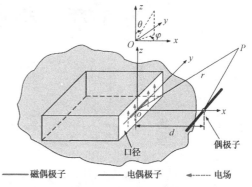

图 5-1　端射磁电偶极子天线结构示意图

$$E_{\text{磁偶极子}} = \frac{\mathrm{j}K}{r}(\boldsymbol{\theta}\cos\varphi + \boldsymbol{\varphi}\cos\theta\sin\varphi)\mathrm{e}^{-\mathrm{j}kr} \tag{5-1}$$

$$E_{\text{电偶极子}} = \frac{\mathrm{j}K}{r}(\boldsymbol{\theta}\cos\theta\sin\varphi + \boldsymbol{\varphi}\cos\varphi)\mathrm{e}^{-\mathrm{j}kr} \tag{5-2}$$

式(5-1)为虚拟磁偶极子的远区电场,式(5-2)为沿 y 轴方向的等效电偶极子远区电场。其中

$$K = \frac{\widetilde{\omega}\mu_0 I_0 l}{4\pi\eta r} \tag{5-3}$$

式中,I_0 为幅度;l 为偶极子等效长度;η 为波阻抗。

所以,总的远区电场可以表示为:

$$
\begin{aligned}
E_{\text{总}} &= E_{\text{磁偶极子}} + E_{\text{电偶极子}} \\
&= \frac{\mathrm{j}K}{r}[\boldsymbol{\theta}(\cos\varphi + \cos\theta\sin\varphi\mathrm{e}^{-\mathrm{j}\beta}) + \boldsymbol{\varphi}(\cos\theta\sin\varphi + \cos\varphi\mathrm{e}^{-\mathrm{j}\beta})]\mathrm{e}^{-\mathrm{j}kr}
\end{aligned} \tag{5-4}
$$

$$\beta = kd\sin\theta\cos\varphi + \delta_0 \tag{5-5}$$

当磁偶极子与电偶极子之间的距离 $d = \lambda/4$ 时(k 为波数 $2\pi/\lambda$,δ_0 为初始相位差),实现了相位差 90°。当 $\theta = 90°$,$\varphi = 0°$ 时,在 $+x$ 方向,存在:

$$E_{+x} = \frac{\mathrm{j}K}{r}(\boldsymbol{\theta} - \boldsymbol{\varphi}\mathrm{j})\mathrm{e}^{-\mathrm{j}kr} \tag{5-6}$$

可见,在 $+x$ 方向实现了圆极化波。

本节天线单元结构如图 5-2 所示,电偶极子部分同样由一对金属贴片实现,金属贴片镜像对称分布在介质的上下两层,等效长度约为半波长。由于介质板剖面较低,镜像分布的贴片辐射效果与在同一平面的电偶极子辐射效果相近，产生水平极化波。单元的磁偶极子部分由半圆形对称地实现，上下金属地在 50 Ω 同轴探针馈电下可产生垂直极化波。该结构的电偶极子与磁偶极子和天线介质板设置在同一平面，所以其辐射方向平行于介质板。考虑到圆极化辐射设计目标，需要设计两个线极化电场分量，且相互间存在 90°的相位差，幅度也要相同。金属贴片和半圆形地之间通过一条长约 λ/4 的金属臂连接，以此来实现天线水平极化波和垂直极化波之间 90°的相位差。

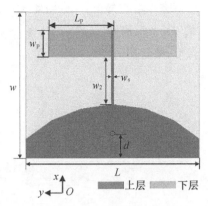

图 5-2　天线单元结构图

表 5-1　圆极化天线结构尺寸表　　　　　　　　　　　单位：mm

参数	取值	参数	取值
L	40	w_s	0.5
w	30	d	5
L_p	15	L_1	4
w_p	6	L_2	5
w_2	10.5	w_1	0.5

天线采用厚度 $h=3.18$ mm 的 Rogers RT 5880 介质板，其损耗正切角和相对介电常数分别是 0.000 9 和 2.2。馈电形式为同轴馈电，其馈电点到边缘的距离 d 会影响天线的阻抗匹配，对天线予以改进后获得的尺寸具体可以参考表 5-1。图 5-3 显示天线在中心频点处 xOy 平面与 xOz 平面仿真方向图，实现了 $+x$ 左旋圆极化辐射。

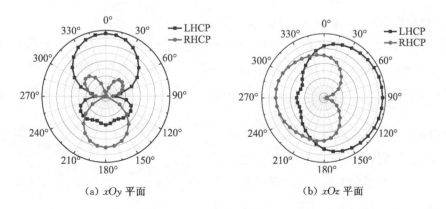

(a) xOy 平面　　　　　　　　　　(b) xOz 平面

图 5-3　天线仿真方向图

由于单纯通过调整金属贴片和半圆形地的形状尺寸以及两者之间的臂长所得到的轴

比带宽和增益都很有限,因此考虑共面加载人工电磁结构来进一步调节天线的轴比和带宽。ISR 结构简单、易调节,将 ISR 单元组阵加载于天线单元上能有效改变电磁波的传播特性,其结构可参考图 5-4(a)。

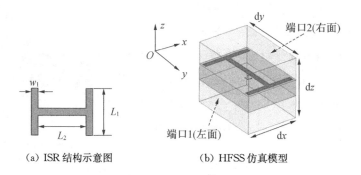

(a) ISR 结构示意图   (b) HFSS 仿真模型

图 5-4　ISR 单元结构仿真模型

通过调节 ISR 结构中竖杠长度 L_1、横杠长度 L_2 和条带宽度 w_1 都能有效改变其谐振频率,尺寸越大谐振频率越低。其中,调节横杠长度 L_2 谐振频率变化更明显。另外,介质板材料也会影响谐振频率。在提高板材介电常数之后,将降低谐振频率。通过调节这些参数能够改变谐振频率,从而找到改善天线性能的最佳 ISR 单元尺寸。

图 5-4(b)为提取的 ISR 单元结构模型。电磁波的传播方向为 $+x$ 方向,沿 z 轴方向设置理想磁壁,沿 y 轴方向设置理想电壁,保证 ISR 结构工作在电谐振状态。该结构的介质板材料与圆极化天线单元保持一致,采用了 3.18 mm 厚的 Rogers RT 5880 介质板。仿真结构中的 $\mathrm{d}x$ 和 $\mathrm{d}y$ 与单元在 x 和 y 方向上的周期长度一致。采用文献[2]中的方法来反演 S 参数和有效折射率。通过仿真的 S 参数可以计算出 ISR 结构介质的有效折射率

$$n = \frac{1}{k_0 d} \arccos\left[\frac{l}{2S_{21}}(l - S_{11}^2 + S_{21}^2)\right] \tag{5-7}$$

式中,k_0 是自由空间中的波数;d 为单元结构的最大长度。

图 5-5 中分别给出了 xOy 和 yOz 两个平面电磁波从介质到空气中的传输示意图。该图很好地解释了加载结构对天线增益影响的机理。根据斯涅尔定律:

$$n\sin\theta = n_0\sin\theta_0 \tag{5-8}$$

在入射角 θ 维持不变的条件下,空气折射率 n_0 为常数,改变介质折射率 n,折射角 θ_0 也会对应发生变化。当介质折射率变大且大于空气折射率时,折射角 θ_0 相应增大。此时电磁波能量朝介质板共面方向汇聚,从而能够提高天线的增益。

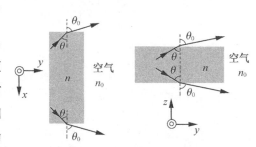

图 5-5　电磁波传输示意图

折射率变化除了影响增益外，还会影响电磁波传播相位。结构相位表达式为

$$\theta = kd = 2\pi/\lambda_0 \cdot nD \tag{5-9}$$

式中，k 为等效波常数；λ_0 为空气波长；D 为传播方向的单元长度。可以看出当天线尺寸固定后，传播长度 D 不变。在同一频点下，改变介质折射率 n，传播相位也会相应变化。因此，ISR 结构对圆极化轴比性能也有调节作用。

为了探索 ISR 结构尺寸对介质有效折射率的影响，图 5-6 中给出了不同尺寸加载和不加载结构下的 S 参数和折射率。其中尺寸 A：$L_1 = 3\ \mathrm{mm}$，$L_2 = 4\ \mathrm{mm}$；尺寸 B：$L_1 = 4\ \mathrm{mm}$，$L_2 = 5\ \mathrm{mm}$；尺寸 C：$L_1 = 5\ \mathrm{mm}$，$L_2 = 6\ \mathrm{mm}$。可以看出，当 ISR 结构处于非谐振状态（$2 \sim 7.6\ \mathrm{GHz}$）时，C 尺寸加载结构有效折射率在 $2.1 \sim 4.2$ 范围内变化，远高于加载 ISR 结构时的介质折射率。

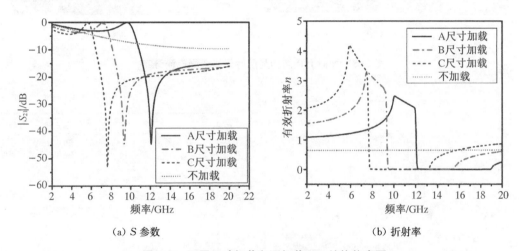

(a) S 参数　　　　　　　　　　　(b) 折射率

图 5-6　不同尺寸加载和不加载 ISR 结构仿真图

在如图 5-2 所示的天线介质板的两侧分别对称印刷一组 2×3 的 ISR 结构阵列。高增益端射圆极化天线结构如图 5-7 所示。各部分结构尺寸在表 5-1 中给出。图 5-8 给出了加载 ISR 结构前后天线表面电流分布图。通过对比发现，加载 ISR 结构后天线表面电流向辐射方向汇聚。因此该结构可以看作天线的引向器，验证了上一节中的理论，将能量汇聚从而提高了天线的增益。图 5-9 给出了加载 ISR 结构前后天线在谐振点的增益对比。圆极化天线的最大增益从 $4.24\ \mathrm{dBi}$ 增加到了 $6\ \mathrm{dBi}$，提高了 $1.76\ \mathrm{dBi}$。增益有所提高，但没有达到预想的效果，提高不明显。为进一步探究原因，对天线两个方向极化分量的

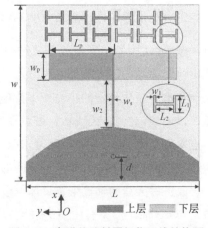

图 5-7　高增益端射圆极化天线结构图

电场幅度分别进行了仿真,并在图 5-10 中给出。从图中可以看出,加载 ISR 结构后水平方向上幅度的增加较为明显,而垂直方向上的幅度增加几乎没有作用。根据 ISR 结构的各向异性电磁特性,该结构仅对与其极化方向相同的电磁波有影响,即仅对水平极化分量有作用,而所设计的天线为圆极化天线,所以天线的增益效果未能达到预期。

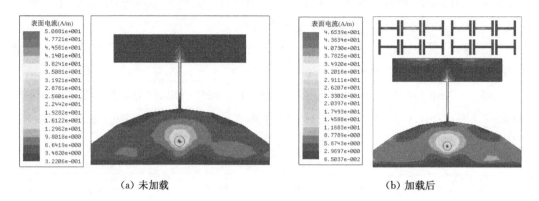

(a) 未加载　　　　　　　　　　　　　　(b) 加载后

图 5-8　加载 ISR 结构前后两天线表面电流分布

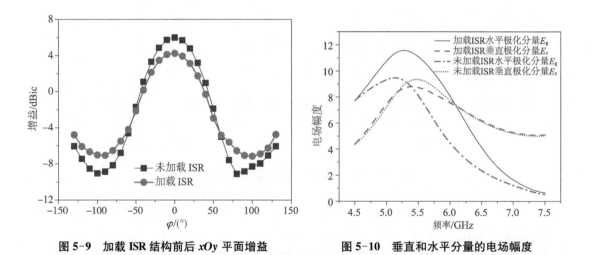

图 5-9　加载 ISR 结构前后 *xOy* 平面增益　　　　**图 5-10　垂直和水平分量的电场幅度**

图 5-11 中给出了加载 ISR 结构前后,电磁波在水平和垂直方向上相位的变化。可以看出该结构同样仅影响了电磁波水平极化分量的相位。利用这一特性可以通过 ISR 结构来调整水平极化分量的相位而不影响垂直极化分量的相位,进而对两个方向分量的相位差予以调整,为调节天线轴比带宽提供了新的思路。从图中可以看出,对相位影响最大的频点刚好与图 5-6(b) 中 C 尺寸 ISR 结构折射率最大的频点对应。加载 ISR 结构后需要重新调整磁偶极子与电偶极子之间的臂长,从而实现更宽的轴比带宽。

改进后天线的轴比带宽具体可以参考图 5-12,并与加载 ISR 结构前做了对比。可以看出,3 dB 轴比带宽有明显的展宽,从原来的 14.2%(4.94~5.7 GHz)提高到了 20.2%(5.07~6.21 GHz),圆极化性能优异。

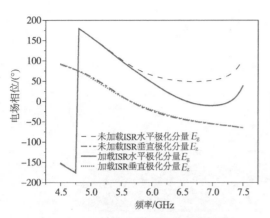

图 5-11　垂直和水平分量的电场相位

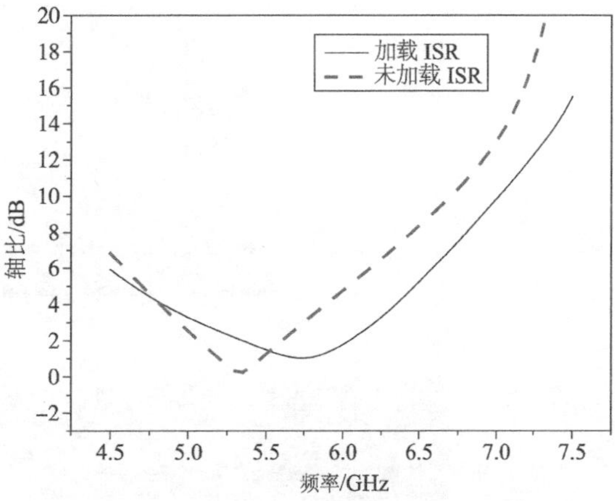

图 5-12　加载 ISR 结构前后的轴比带宽

5.2.2　天线阵列设计与分析

SSPP 传输线是一种特殊的慢波传输结构,当用做频率扫描天线的馈电层时,能实现较宽的波束扫描角度。馈电层结构具体可以参考图 5-13。采用厚度 0.5 mm、介电常数为 2.2、损耗角正切为 0.001 的 Rogers RT 5880 介质板。在传统微带线上周期性连接一排金属条带,通过一定间隔的探针对天线单元进行馈电。两端口采用了长度均匀渐变的条带作为过渡结构,实现了与馈电端口之间更好的匹配。

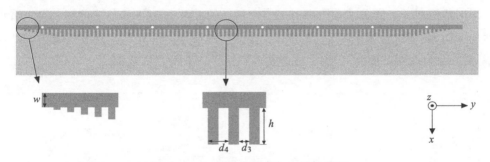

图 5-13　SSPP 馈电的频扫天线馈电层

通过仿真发现,调节金属条带的长度能够改变传输线的工作频率。优化后最终将传输线宽度设为 $w=1.2$ mm,相邻条带间隔设为 $d_3=1$ mm,条带宽度设为 $d_4=2$ mm。天线组阵后的结构如图 5-14 所示。将 8 个单元并行排列作为上层辐射层,SSPP 传输线作为下层传输层。两层介质板均采用 Rogers RT 5880($\varepsilon_r=2.2$、$\tan\delta=0.001$)板材。辐射层厚度 $h_1=3.18$ mm,传输层厚度 $h_2=0.5$ mm。两层通过金属探针进行馈电。由于天线单元的辐射方向与介质板在同一平面内,因此组阵之后的阵列辐射方向也沿着 $+x$ 方向,即能够实现窄边方向上的波束扫描。

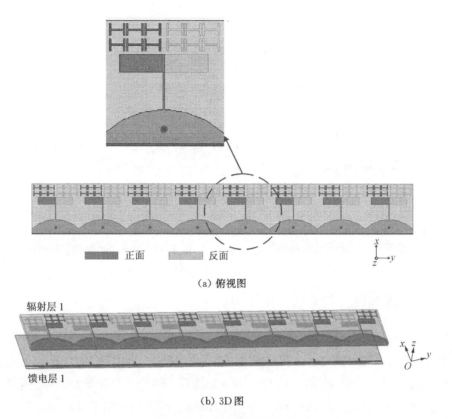

（a）俯视图

（b）3D图

图 5-14　阵列天线结构图

对天线模型进行仿真,得到如图 5-15(a)所示的反射系数(S_{11})仿真曲线。可以看出,天线的一10 dB 阻抗带宽在 4.3～5.8 GHz 之间。图 5-15(b)为天线 xOy 平面方向图,在 4.3～5.1 GHz 频率范围内,天线主波束实现了一4°～22°的扫描范围。

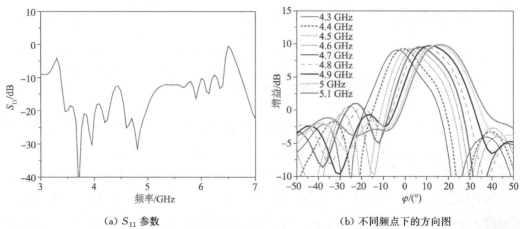

（a）S_{11} 参数

（b）不同频点下的方向图

图 5-15　阵列天线仿真结果

5.2.3　天线测试结果与讨论

加工制作天线实物并测试。图 5-16 为基于 ISR 加载结构的圆极化天线单元实物图的上下两个表面，半圆形地的末端金属壁用金属化过孔代替。

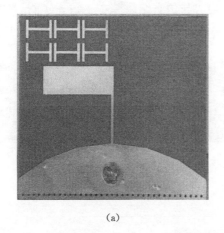
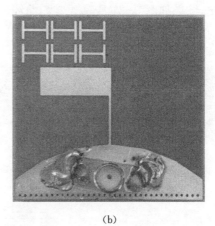

（a）　　　　　　　　　　　　　（b）

图 5-16　天线实物图

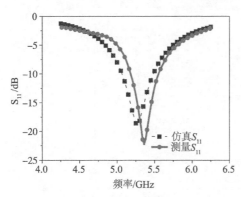

图 5-17　天线反射系数仿真与实测结果

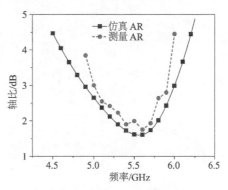

图 5-18　天线轴比仿真与实测结果

测量得到天线的反射系数如图 5-17 所示。中心频率为 5.25 GHz，仿真和实测 -10 dB 阻抗带宽分别为 5.06 ~ 5.49 GHz（8.2%）和 5.16 ~ 5.56 GHz（7.5%）。图 5-18 为加载 ISR 结构天线轴比实测和仿真的对比图。实测轴比带宽为 5.1 ~ 5.95 GHz（16%），受实验条件和加工误差等因素的约束，比仿真轴比带宽 5.07 ~ 6.21 GHz（20%）略窄。图 5-19 显

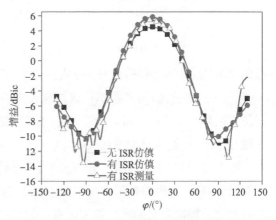

图 5-19　天线 *xOy* 平面上增益仿真与实测结果

示 xOy 平面上实测与仿真增益曲线。实测结果与仿真曲线相差不大。实测最大增益值为 5.5 dBi,仿真最大增益值为 6 dBi。

经过尺寸优化,对天线进行了加工以及测试,如图 5-20 所示为窄边圆极化频扫天线的实物图。对天线的反射系数进行了测试,得到了天线的实测 S_{11} 参数,将其与仿真结果进行对比,结果如图 5-21 所示。实测曲线的趋势与仿真结果基本一致。实测$-$10 dB 阻抗带宽为 3.3~6.8 GHz。

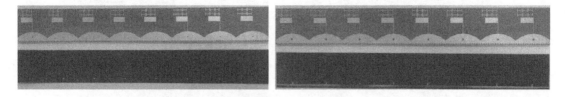

图 5-20 窄边圆极化频扫天线实物图

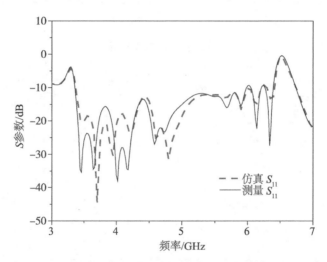

图 5-21 窄边圆极化频扫天线 S 参数
仿真与实测结果

图 5-22 给出了当频率从 4.3 GHz 变化到 5.1 GHz 时,天线在 xOy 平面圆极化方向图的实测(实线)和仿真(虚线)曲线。仿真实现了$-4°\sim+22°$的扫描范围,测量覆盖了$-6°\sim+21°$的角度,两者基本一致。该天线各频点的实测峰值增益为 8.3~9.1 dBi,相比于仿真结果 9.4~10.7 dBi 要低一些,主要原因是连接器等部件存在损耗。实测增益平坦度较好,峰值增益浮动控制在 1 dB 以内。

图 5-23 给出了在不同工作频点下,天线最大辐射方向上的轴比曲线。实测轴比带宽性能较好,在工作带宽范围内所有频点轴比基本上都低于 3 dB。测试结果验证了该天线具有较宽的轴比带宽和明显的窄边频率扫描特性。

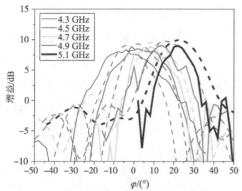

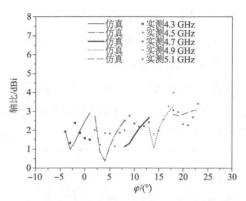

图 5-22　频扫天线 *xOy* 平面方向图　　图 5-23　频扫天线轴比仿真与实测结果

5.3　设计 2：基于探针加载的宽带窄边圆极化漏波天线

5.3.1　天线设计与分析

天线单元结构如图 5-24 所示，由弧形渐变结构和宽矩形贴片组成，上下对称地形成的孔径可等效为磁偶极子产生垂直极化分量，一对扇形贴片可等效为电偶极子产生水平极化分量。通过调节上下平行条带的臂长，两个分量相差 90°，从而实现了优异的圆极化性能，且对辐射贴片形状和对称金属地的形状做出优化后能实现很宽的轴比带宽。在天线的对称金属地周围加载一圈金属孔作为反射壁，形成的反射腔可最大化端射辐射。为了提高了天线的阻抗带宽，将金属探针加载在渐变缝隙孔径与馈电探针之间。这样在一定程度上就可以提高天线的匹配调节自由度。不仅在轴比带宽的幅度内调节了阻抗带宽，而且也使得共同带宽有所扩大。

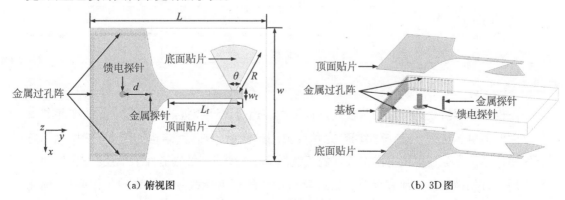

(a) 俯视图　　　　　　　(b) 3D 图

图 5-24　天线单元结构图

天线采用 Rogers RT 5880 介质板,其厚度为 3.18 mm,损耗角正切、介电常数分别为 0.000 9、2.2。在介质板上下层对称加载金属贴片,天线的能量通过同轴馈电探针馈入。引入金属探针用于调节天线阻抗匹配。图 5-25(a)给出了天线的 S_{11} 参数在不同探针位置时随频率的变化曲线。可以看出,调节金属探针的加载位置和尺寸大小能改变天线的谐振频点和阻抗带宽。当探针到馈电点的距离 $d = 6$ mm 时天线阻抗匹配效果最好,-10 dB 阻抗带宽为 20.6%。

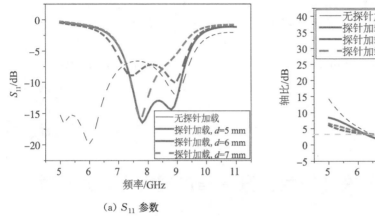
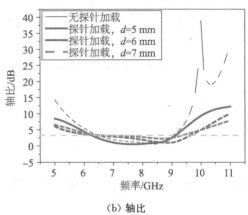

(a) S_{11} 参数   (b) 轴比

图 5-25　不同探针加载情况下的单元天线性能

该天线具有良好的圆极化特性且阻抗带宽也更宽。通过仿真发现调节匹配探针的位置对天线的轴比性能影响较小,其轴比曲线如图 5-25(b)所示。当 $d = 6$ mm 时,3 dB 轴比带宽达到 36.4%,远远高于 5.2 节中矩形贴片和半圆形地组成的天线单元,最低轴比达到 0.47 dB。因此在实际优化过程中,先对轴比性能予以调节,然后再改进阻抗带宽。这样能使阻抗带宽在轴比带宽覆盖的范围内,实现真正的平面宽带端射圆极化辐射性能。最终其共同带宽为 20.6%。优化后天线的结构参数如表 5-2 所示。

表 5-2　圆极化天线单元尺寸

L	w	h	d
38 mm	28 mm	3 mm	6 mm
θ	R	L_f	w_f
57°	10.5	16	1.8

考虑采用弯折线结构作为传输线进行馈电。通过设计弯折部分的长度能改变相邻单元之间的馈电相位差,也能够实现较宽角度范围的波束扫描,其结构如图 5-26 所示。弯折线结构单纯作为馈电层对前文设计的天线单元进行馈电,虽然牺牲了单层结构,但增加馈电层更方便馈线的设计和调节。通过调节馈线的宽度能改变传输线的工作频率,优化后能得到较宽的扫描角度。SSPP 馈电层的设计参照上节,结构如图 5-27 所示。将两种

传输线进行对比,分别仿真计算得到了两种传输线的色散曲线,并与简单的微带传输线进行对比,结果如图 5-28 所示,几种传输线均工作在慢波区。可以看出 SSPP 传输线相移特性最好,而弯折线其次。两者的相移特性均比简单的微带线好。

图 5-26　弯折线结构示意图

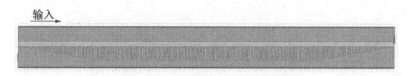

图 5-27　SSPP 传输线结构示意图

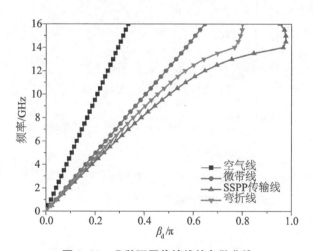

图 5-28　几种不同传输线的色散曲线

将四个宽带端射圆极化天线进行馈电组阵,几种传输线分别作为下层传输层。传输层与辐射层之间通过金属探针进行馈电。通过仿真得到不同频点下天线在 xOy 平面的增益曲线如图 5-29(b) 和图 5-29(c) 所示,并与图 5-29(a) 中微带线馈电得到的增益曲线进行对比。由图可知,微带线馈电的扫描范围为 $82°\sim92°$,弯折线馈电的扫描范围为 $88°\sim126°$,而 SSPP 馈电的扫描范围能覆盖 $72°\sim124°$。可以看出 SSPP 结构的波束覆盖角度更宽。这也与色散曲线的结果对应,最终采用 SSPP 结构对天线进行馈电。天线结构如图 5-30 所示。

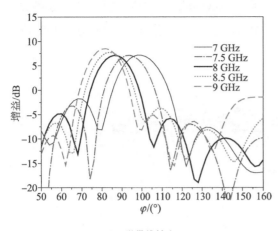

（a）微带线馈电

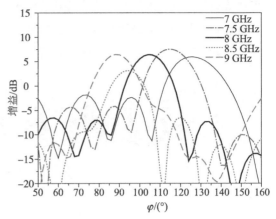

（b）弯折线馈电

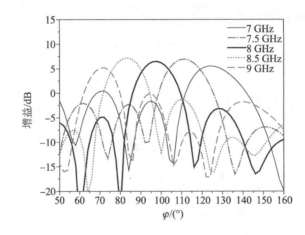

（c）SSPP 传输线馈电

图 5-29　频扫天线在不同频点下的增益曲线

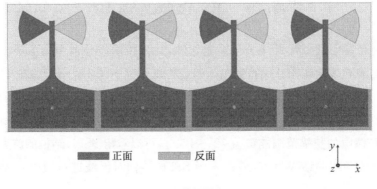

■ 正面　　■ 反面

（a）俯视图

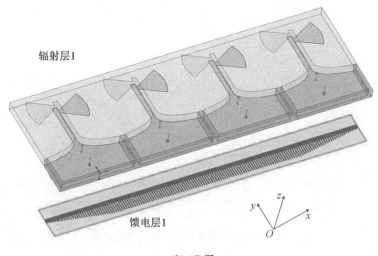

（b）3D 图

图 5-30　窄边辐射圆极化漏波天线结构图

5.3.2　天线测试结果与讨论

为验证仿真结果，对设计的天线单元进行了加工并测试。图 5-31 中给出了天线上下两个表面的俯视图，金属壁用周期排列的金属化过孔来实现。

图 5-31　单元天线实物图

图 5-32(a)显示实测阻抗带宽为 19%。图 5-32(b)显示实测轴比带宽为 36%。可以看出 S 参数和轴比实测曲线的趋势与仿真结果基本一致。图 5-33(a)(b)分别对比了大线在中心频点 8 GHz 处 yOz 和 xOz 两个平面的仿真和实测方向图。观察得知，该右旋圆极化天线有明显的端射辐射特性。

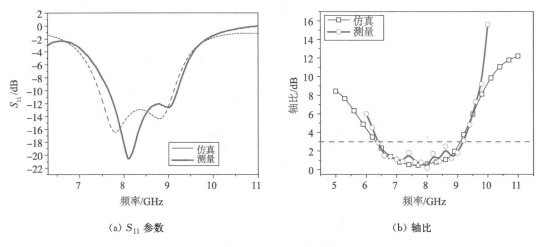

(a) S_{11} 参数 (b) 轴比

图 5-32 单元天线实测和仿真结果对比

与文献[4]中的侧馈型微带线不同,同轴探针馈电更加容易实现阵列化,为后续单元组阵实现频率扫描特性提供了更好的结构基础,且同轴馈电受焊接影响较小。表 5-3 将该天线单元与其他平面圆极化端射天线带宽性能进行了比较。文献[5-10]中的天线带宽较窄(小于 10%),受到阻抗带宽或 3 dB 轴比带宽的限制。此天线单元的共同带宽提高到了 19%,且结构相对紧凑。虽然文献[11]和[12]中的设计在相当大的程度上扩展了有效带宽,但其尺寸较大,尤其是横向尺寸。

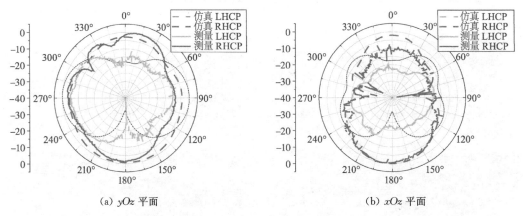

(a) yOz 平面 (b) xOz 平面

图 5-33 单元天线在 8 GHz 下的实测和仿真方向图

图 5-33 将天线实测的性能结果和仿真结果进行了对比,图 5-34 为所加工天线的实物照片。实测相对阻抗带宽达到 31%。图 5-35 给出了频率为 12 GHz 到 16.5 GHz,步进 0.5 GHz 的各个频点下,天线在 xOy 平面右旋圆极化方向图的仿真和测试曲线。实测的扫描范围为 73°~127°,波束扫描角度达到 54°,与仿真结果 72°~124° 保持一致。天线实测增益为 4.1~6.4 dBi,由于连接损耗和加工误差,因此实测结果比仿真结果 5.2~7.1 dBi 低了约 0.7 dB。

表 5-3 几款端射圆极化天线性能对比

Ref.	Size(λ_0^3)	Impedance BW/%	AR BW/%	Over-lap BW/%
[5]	0.74×0.60×0.04	2.4	9.24	2.4
[6]	0.74×0.65×0.04	3.62	14.34	3.62
[7]	0.74×0.62×0.04	3.3	13.7	3.3
[8]	1.0×0.67×0.04	22.23	8	8
[9]	1.0×0.95×0.05	10.8	13.7	5.6
[10]	0.6×0.32×0.029	3.5	4.3	3.5
[11]	1.27×1.23×0.11	54	34	34
[12]	1.0×0.83×0.03	24.8	18.8	17.8
本设计	1.0×0.75×0.08	19	36	19

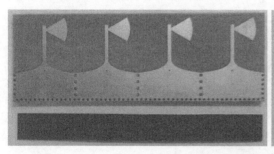
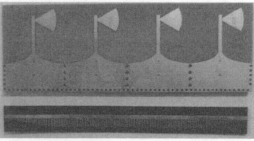

图 5-34 窄边辐射圆极化频扫天线实物图

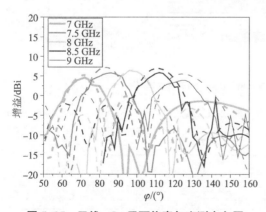
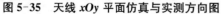

图 5-35 天线 xOy 平面仿真与实测方向图

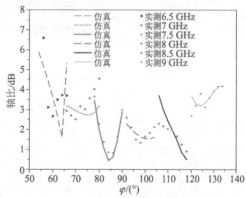

图 5-36 天线仿真与实测轴比

如图 5-36 所示为不同工作频点下，天线最大辐射方向上的轴比曲线，在工作频带内大多数频点轴比都在 3 dB 以下，部分频点虽略高于 3 dB 但也具有圆极化趋势，总体来说测试结果符合预期。

5.4 设计 3：基于 CRLH TL 馈电的窄边圆极化漏波天线

5.4.1 平面端射圆极化单元天线设计与分析

天线结构如图 5-37 所示，具体尺寸如表 5-4 所示。该天线长、宽分别为 w、L，上下两层贴片完全对称以保证辐射方向与天线平行，介质板左侧有三面金属壁作为反射腔，起到减小后向辐射的作用。此天线采用同轴馈电的方式，馈电点距边缘的距离为 d。当由 50 Ω 同轴探针馈电时，天线的缝隙孔径可以被视为产生垂直极化的虚拟磁偶极子，而 Vivaldi 形状贴片相当于产生水平极化的印刷电偶极子，两侧上下对称的三对条带贴片用于增强水平极化分量。通过调整磁偶极子与电偶极子之间的距离，也就是 Vivaldi 型贴片的臂长，可以实现 90° 相位差，从而可以获得圆极化波。

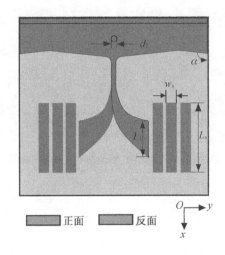

图 5-37 CRLH TL 馈电的频扫天线辐射单元结构

表 5-4 CRLH TL 馈电的频扫天线尺寸 单位：mm

参数	取值	参数	取值
L	111.6	w	18
L_1	3.6	L_2	3.3
L_s	6.9	w_s	3.6
p	0.2	α	84°
d_1	14.5	d_2	0.6
w_1	0.2		

天线单元经同轴馈电后具有端射方向的辐射方向图,且辐射模式为圆极化波。图 5-38(a)(b)分别为该天线单元在 15.5 GHz 时 xOy 平面和 xOz 平面辐射方向图,可以看出主波束辐射方向为 $+x$ 方向。

图 5-39 为天线单元反射系数(S_{11})随频率变化的仿真曲线,可知天线单元在 15.6~16.7 GHz 频段内有良好的匹配。图 5-40 为天线单元在 $+x$ 方向的轴比随频率变化的仿真曲线,从图中可以看出,天线单元在 14.2~16.5 GHz 的频率范围内轴比低于 3 dB,轴比带宽约为 15.0%,具有良好的圆极化性能。

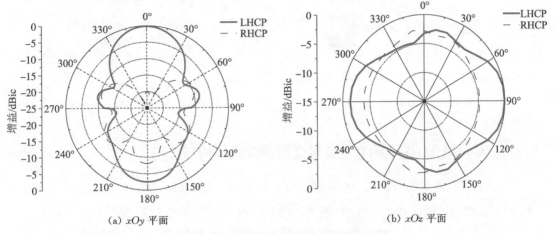

(a) xOy 平面　　　　　　　　　　　(b) xOz 平面

图 5-38　天线单元辐射方向图仿真结果

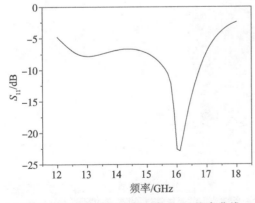

图 5-39　天线单元反射系数(S_{11})仿真曲线

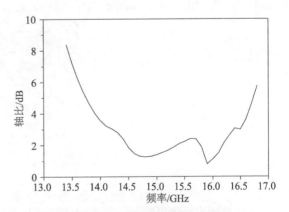

图 5-40　天线单元轴比仿真曲线

天线采用 CRLH TL 周期交趾结构对辐射结构馈电。最早提出的如图 5-41 所示的交趾结构不够紧凑,因而对其进行改进,得到了如图 5-42 所示的交趾结构。将原结构中的接地枝节用接地铜柱代替,并将其置于交趾结构对角处,起到并联电感的作用。改进后的模型参数如图 5-42 所示,交趾长度为 $L_2=3.3$ mm,宽度为 $w_1=0.2$ mm,趾间隙为 $p=0.2$ mm,铜柱半径为 $r=0.05$ mm。交趾结构印刷在厚度为 0.5 mm,介电常数为 2.2,损耗角正切值为 0.000 9 的介质板上。

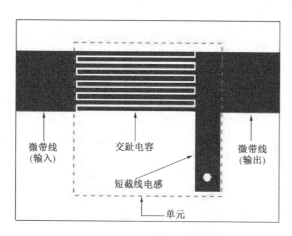

图 5-41　CRLH TL 单元结构

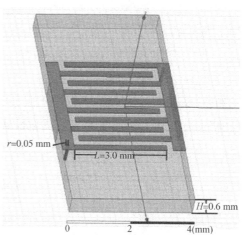

图 5-42　改进的交趾结构示意图

5.4.2　CRLH TL 馈电的窄边圆极化漏波天线结构与分析

CRLH TL 馈电的窄边圆极化漏波天线结构如图 5-43 所示,图(a)为天线上层结构,图(b)为天线下层结构,图(c)为 3D 视图。将 CRLH TL 作为馈电线,置于下层下表面;八个端射圆极化天线组成阵列作为辐射结构置于天线上层;两层之间由金属探针相连,天线采用侧馈的方式,详细设计尺寸如表 5-1 所示。

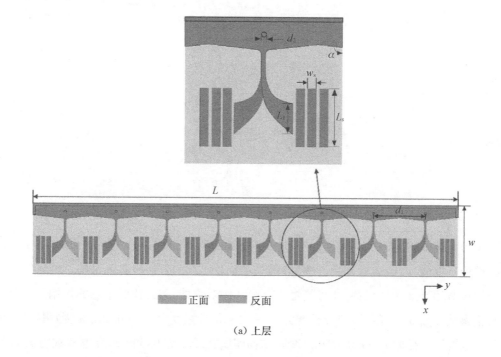

(a) 上层

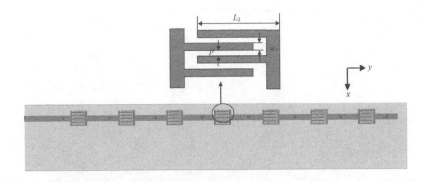

(b) 下层

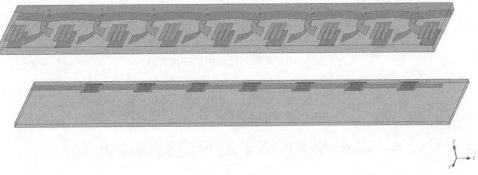

(c) 3D 图

图 5-43　天线结构图

如图 5-44 所示为反射系数仿真曲线,可以看出,天线的 $-10\,dB$ 阻抗带宽为 $12\sim$ $16\,GHz$。图 5-45 为天线在 xOy 平面的方向图,当频率从 $12\,GHz$ 变化到 $16\,GHz$ 时,天线主波束实现了从 $-25°$ 到 $2°$ 的扫描范围;图 5-46 为天线在频扫范围内 xOy 平面的轴比曲线,可以看出,在 $13.5\sim14.5\,GHz$ 频段范围内最大辐射方向上轴比小于 $3\,dB$,较好地实现了圆极化辐射性能。天线的最大增益为 $9.7\,dBic$。但是该天线仍然存在扫描角度不够、圆极化带宽有待提高等缺点,将在下一节解决这些问题。

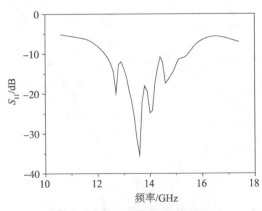

图 5-44　天线反射系数仿真曲线

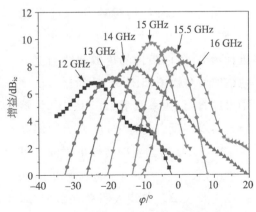

图 5-45　天线在 xOy 平面的方向图

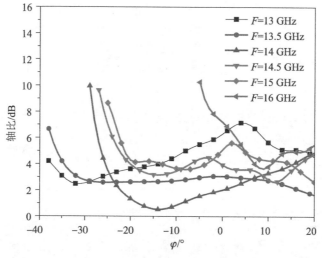

图 5-46　天线不同频率的轴比曲线

5.5　设计 4：基于 SSPP 馈电的窄边圆极化漏波天线

5.5.1　SSPP 传输线馈电层设计

为了实现宽扫描范围,引入 SSPP 传输线作为窄边漏波天线馈电结构。馈电层结构具体可以参考图 5-13。其整体尺寸为 109 mm×17 mm,介质板采用厚度为 0.5 mm、$\varepsilon_r =$ 2.2、$\tan\delta = 0.001$ 的 Rogers RT 5880 介质板。通过在微带线一侧构造波纹金属条带引入了 SSPP 波。SSPP 单元周期和两个相邻条带之间的间隙分别设为 $d_4 = 0.8$ mm 和 $d_3 =$ 0.5 mm。为了实现与馈电端口的阻抗匹配,传输线两端的条带长度从 0 均匀过渡到 h,微带线的宽度设计为 $w = 1.2$ mm。

用上述 SSPP 传输线作为馈电结构,对 5.4.1 中设计的端射圆极化天线进行馈电,整体结构的色散曲线与空气色散曲线对比图如图 5-47 所示。从图中可以看出,频率低于 12.5 GHz 时,该单元实现了反向传输波,反之当频率高于 12.5 GHz 时为正向传输电磁波。可以看出,天线单元在整个工作频带内保持在快波区域。曲线表明存在负相移,从而导致天线存在一定的后向辐射。

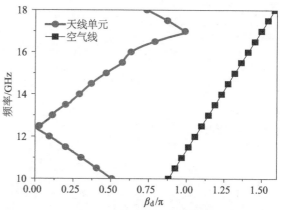

图 5-47　SSPP 馈电的天线单元色散曲线图

图 5-48 为微带线馈电和 SSPP 传输线馈电的天线 xOy 平面辐射方向图对比图，图 5-48(a)为微带线馈电的漏波天线方向图，可以看出，当频率从 12 GHz 增加到 16.5 GHz 时，天线主波束扫描角度从 6°变化到 23°(扫描角度 17°)；图 5-48(b)为 SSPP 传输线馈电的漏波天线方向图，在相同频带内实现了从−8°到 39°(扫描角度 47°)扫描，对比微带线提高了 30°。由此证明了 SSPP 传输线具有增大扫描角的作用。

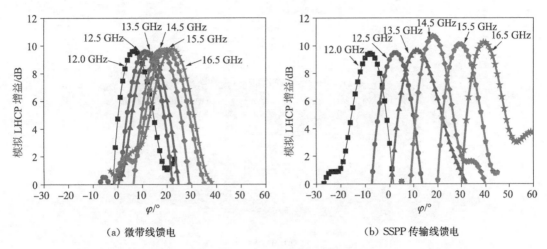

(a) 微带线馈电　　　　　　　　　(b) SSPP 传输线馈电

图 5-48　频扫天线仿真方向图

5.5.2　SSPP 传输线馈电的窄边圆极化漏波天线设计

将 5.4.1 中设计的八个辐射单元组成阵列放置在上层，以 5.5.1 中设计的 SSPP 传输线作为馈电结构置于下层，传输层与辐射层之间通过金属探针相连，即构造出窄边圆极化频扫天线，如图 5-49 所示，图(a)为天线上层辐射结构，两侧敷以对称的金属贴片形成；

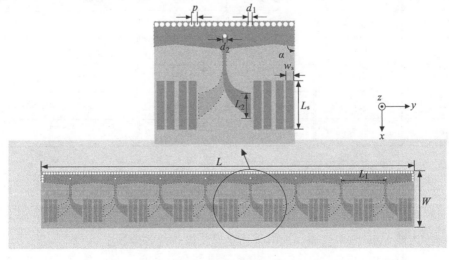

(a) 上层

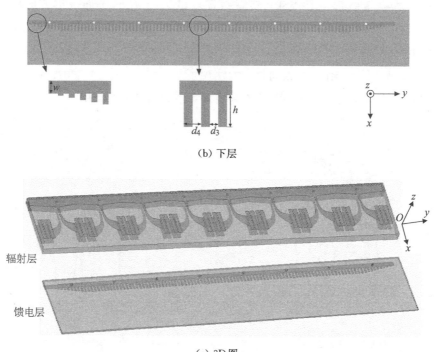

(b) 下层

(c) 3D 图

图 5-49　SSPP 馈电漏波天线结构图

图（b）为天线下层即馈电层下表面，采用侧馈的方式利用 SSPP 传输线进行传输；图（c）为整体 3D 示意图。天线上下两层均采用 Rogers RT 5880 介质板（$\varepsilon_r = 2.2$、$\tan\delta = 0.001$），上层厚度为 $h_1 = 2$ mm，下层厚度为 $h_2 = 0.5$ mm。天线详细设计尺寸如表 5-5 所示。

表 5-5　SSPP 传输线馈电的漏波频扫天线尺寸　　单位：mm

参数	取值	参数	取值	参数	取值
L_s	6.9	L_2	3.6	d_1	0.6
w_s	1.05	α	84°	d_2	0.6
L	109	L_1	13.2	d_3	0.5
W	17	h	2	d_4	1
p	0.8	w	1.2		

5.5.3　天线测试结果与讨论

对天线进行加工测试，如图 5-50 所示为天线的实物照片，图（a）为天线上层上、下表面，图（b）为天线下层上、下表面。天线采用金属化过孔代替金属壁。

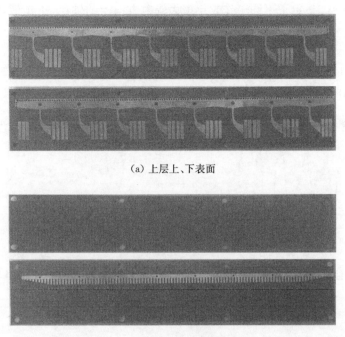

(a) 上层上、下表面

(b) 下层上、下表面

图 5-50　SSPP 馈电漏波天线实物图

图 5-51 显示仿真和实测的反射系数，可以观察到实测曲线与仿真曲线基本吻合。实测的阻抗带宽($S_{11}<-10$ dB)为 $12\sim16.5$ GHz(31%)。

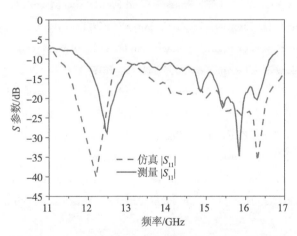

图 5-51　SSPP 馈电漏波天线反射系数仿真与实测结果

图 5-52 显示了以 1 GHz 间隔、频率从 12 GHz 变化到 16.5 GHz 时，xOy 平面左旋圆极化方向图的仿真和实测结果。仿真结果在上述频带范围内实现了 $-8°\sim+39°$ 的扫描范围，测量结果则覆盖了 $-5°\sim+37°$ 的角度，波束扫描范围提高到 $42°$。天线的仿真结果增益范围为 $9.4\sim10.7$ dBic，测量增益为 $8\sim9.5$ dBic，实测增益较低的原因是连接器等部件

存在损耗。图 5-53 显示了不同工作频点最大辐射方向上的轴比,工作带宽内大多数频点轴比低于 3 dB。

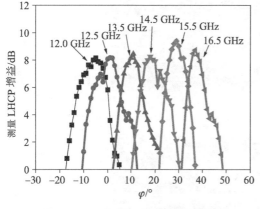

图 5-52　天线 *xoy* 平面实测方向图

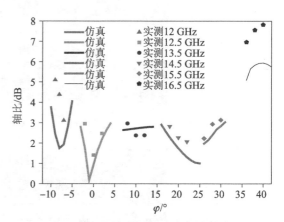

图 5-53　天线轴比仿真与实测结果

参考文献

［1］Zhang W H, Lu W J, Tam K W. A planar end-fire circularly polarized complementary antenna with beam in parallel with its plane［J］. IEEE Transactions on Antennas and Propagation, 2016, 64(3): 1146-1152.

［2］Numan A B, Sharawi M S. Extraction of material parameters for metamaterials using a full-wave simulator education column［J］. IEEE Antennas and Propagation Magazine, 2013, 55(5): 202-211.

［3］Kokkinos T, Sarris C D, Eleftheriades G V. Periodic FDTD analysis of leaky-wave structures and applications to the analysis of negative-refractive-index leaky-wave antennas［J］. IEEE Transactions on Microwave Theory and Techniques, 2006, 54(4): 1619-1630.

［4］Yao Y L, Zhang F S, Zhang F. Microstrip fed planar endfire circularly polarised antenna with enhanced bandwidth［J］. Electronics Letters, 2017, 53(7): 445-446.

［5］Lu W J, Shi J W, Tong K F, et al. Planar endfire circularly polarized antenna using combined magnetic dipoles［J］. IEEE Antennas and Wireless Propagation Letters, 2015, 14: 1263-1266.

［6］Zhang W H, Lu W J, Tam K W. A planar end-fire circularly polarized complementary antenna with beam in parallel with its plane［J］. IEEE Transactions on Antennas and Propagation, 2016, 64(3): 1146-1152.

［7］Zhang W H, Tam K W, Lu W J. A novel planar end-fire circularly polarized dipole-aperture composite antenna［C］//2016 21st International Conference on Microwave, Radar and Wireless Communications (MIKON). May 9-11, 2016, Krakow, Poland. IEEE: 1-4.

［8］You M, Lu W J, Xue B, et al. A novel planar endfire circularly polarized antenna with wide axial-ratio beamwidth and wide impedance bandwidth［J］. IEEE Transactions on Antennas and Propagation, 2016, 64(10): 4554-4559.

[9] Lv X M, Ding W P, Cao W Q, et al. Planar end-fire circularly polarized antenna with wide bandwidth[C]//2017 Sixth Asia-Pacific Conference on Antennas and Propagation (APCAP). October 16-19, 2017, Xi'an, China. IEEE: 1-3.

[10] Ye M, Li X R, Chu Q X. Single-layer circularly polarized antenna with fan-beam endfire radiation [J]. IEEE Antennas and Wireless Propagation Letters, 2017, 16: 20-23.

[11] Chen Z Z, Shen Z X. Planar helical antenna of circular polarization[J]. IEEE Transactions on Antennas and Propagation, 2015, 63(10): 4315-4323.

[12] Zhang J, Lu W J, Li L, et al. Wideband dual-mode planar endfire antenna with circular polarisation [J]. Electronics Letters, 2016, 52(12): 1000-1001.

[13] Kokkinos T, Sarris C D, Eleftheriades G V. Periodic FDTD analysis of leaky-wave structures and applications to the analysis of negative-refractive-index leaky-wave antennas[J]. IEEE Transactions on Microwave Theory and Techniques, 2006, 54(4): 1619-1630.

第6章 平面自双工漏波天线

6.1 引言

天线具有将电路中的信号和自由空间中的电磁波进行互相转换的功能,因此其在无线通信系统中一直扮演着不可或缺的角色。由于天线具有互易性,同一副天线既可以用作信号发射,也可以用作信号接收。在无线通信的早期,天线和收发信机的体积、质量都比较庞大,为方便安装和使用,天线和收发信机通常分体设计,天线通过射频线缆与收发信机相连。在收发信机的内部就需要采用滤波器、射频开关、定向耦合器、双工器等器件设计微波隔离电路,将发射信道的信号和接收信道的信号分离开。这样的设计笨重、复杂,且在天线和收发信机两端还需要增加匹配电路,降低了系统的工作效率。

随着移动通信的快速发展,在现代通信中同一通信设备集成多种应用的需求越来越高。例如,现代手机通常就具有移动通信、卫星定位、蓝牙、无线局域网等多种应用,有时还有同时收发的需求。理想状况下,在足够远的距离设置不同频率的天线满足不同的应用可以实现最好的效果。但现代移动通信对终端的小型化、便携性提出了很高的要求,由于移动通信终端的尺寸限制,因此人们通常用一副宽带或多频天线尽可能多地覆盖多个应用频段来作为解决方案。这样的设计还需要引入双工器、多工器提高隔离度来降低多个通信模块之间的信道干扰。

近年来,自双工天线这个概念逐渐引起了人们的关注,自双工天线利用自身结构特性,在不需要高阶双工网络的情况下能够满足不同信道的高隔离度需求,很适合用于双工或多功能通信系统。这类自双工天线设计能够让整个射频前端系统更加紧凑、高效,符合现代移动通信的需求,具有一定的应用前景。

自双工天线的形式有很多,常见的有利用对消网络来抑制端口之间干扰的自双工天线;通过利用正交极化所固有的隔离度设计的双极化自双工天线;结合滤波器进行一体化设计的滤波自双工天线;利用激励天线不同模式设计的多模双工甚至是多工天线。前人在自双工天线方面的研究大多是固定波束的,很少有人涉及可变波束的研究。本章利用 HMSIW 背腔实现的结构简单的自双工天线作为单元结构,组阵实现了具有频扫功能的 SIW 背腔自双工天线阵列。

6.2 设计 1：边射/波束扫描 SIW 背腔自双工天线阵列

6.2.1 天线结构

该 SIW 背腔自双工天线阵列的结构如图 6-1 所示，浅灰色表示介质板，深灰色表示金属层。该设计采用厚度 0.5 mm 的 Rogers5880 介质板。该自双工天线阵列由 16 个自双工单元组成，每一个单元都是一个 SIW 背腔缝隙天线。这些单元紧密排成一列，相邻单元共用一个金属壁。矩形缝隙将这些 SIW 腔分割成上下两部分。一个 16 路 SIW 功分器用于并馈这些 SIW 腔的上半部分，一系列微带线用于串馈这些 SIW 腔的下半部分，就构成了自双工天线阵列整体结构。

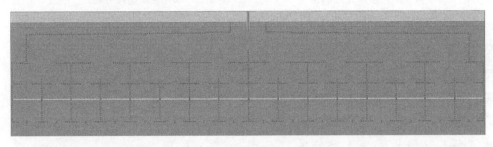

(a) 正面

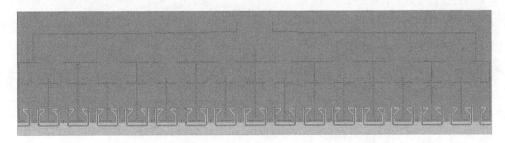

(b) 背面

图 6-1 边射/波束扫描 SIW 背腔自双工天线阵列结构图

6.2.2 自双工单元设计与分析

SIW 背腔结构在自双工天线的设计中已得到了广泛的应用。一个简单的 SIW 背腔自双工天线单元结构如图 6-2 所示。虚线表示介质板的背面结构。其几何尺寸为 $L = 14.5$ mm，$w = 17.5$ mm，$L_s = 14$ mm，$w_s = 0.8$ mm，$L_{c1} = 6.45$ mm，$w_{c1} = 5.5$ mm，$w_{c2} = 4.5$ mm，$w_{f1} = 1$ mm，$w_{f2} = 1$ mm，$l_{g1} = 1$ mm，$l_{g2} = 2$ mm，$w_{g1} = 0.5$ mm，$w_{g2} = 0.6$ mm，$d = 0.5$ mm，$p = 0.5$ mm。四排金属化过孔用来构成尺寸为 $L \times w$ 的 SIW 腔。

在介质上层金属表面蚀刻尺寸为 $L_s \times w_s$ 的矩形缝隙,将 SIW 腔分为上下两部分并分别用微带线馈电,这两部分可以看作是两个不同的 HMSIW 谐振腔。

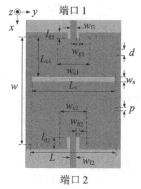

图 6-2　自双工天线单元结构图

(a) 端口 1 馈电(10 GHz)　(b) 端口 2 馈电(8.65 GHz)

图 6-3　单元表面电流分布

HMSIW 谐振腔的谐振频率与其尺寸相关,由于上下两部分谐振腔的尺寸不同,所以它们工作在不同的频段。当端口 1 馈电时,上半部分在 10 GHz 激励起一个准 TE_{110} 模。同样地,当端口 2 馈电时,下半部分在 8.65 GHz 激励起一个准 TE_{110} 模。图 6-3 为该天线单元在 10 GHz 和 8.65 GHz 时的表面电流分布图。可以看出,在上下两个 SIW 半模腔的谐振频点时,绝大多数能量都从缝隙辐射出去,传到另一个端口的能量几乎可以忽略不计。因此两个馈电端

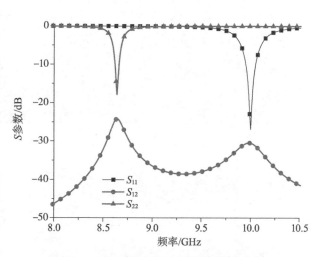

图 6-4　SIW 背腔自双工天线单元 S 参数

之间可以获得很好的隔离度。该自双工天线单元的 S 参数仿真曲线如图 6-4 所示,端口 1 和端口 2 分别在 10 GHz 和 8.65 GHz 时反射系数小于 -10 dB,端口隔离度始终在 -24 dB 以下。

调整参数 L_{c1} 的大小,其余结构参数不变,即为调整上下两个 HMSIW 腔的短边尺寸。该自双工天线单元 S 参数随 L_{c1} 变化的曲线如图 6-5 所示。从图中显而易见,通过调整两个 HMSIW 谐振腔的尺寸,即可改变其工作频率。当 L_{c1} 逐渐增大时,上下两个 HMSIW 腔的工作频率会逐渐靠近,此时两端口间的隔离度会逐渐变差。在 L_{c1} 取 7.0 mm 时,上下两个腔体的工作频率分别为 10 GHz 和 8.65 GHz,频比达到 1.16,端口隔离度仍能保持在 -24 dB 以下。

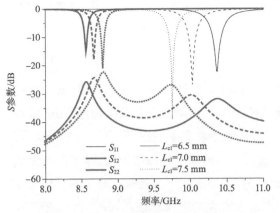

图 6-5 SIW 背腔自双工天线单元 S 参数
随 L_{c1} 变化的曲线

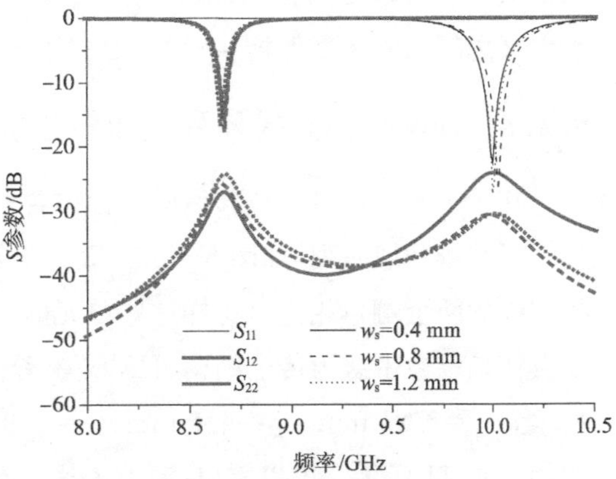

图 6-6 SIW 背腔自双工天线单元 S 参数
随 w_s 变化的曲线

图 6-6 为该自双工天线单元 S 参数随缝隙宽度 w_s 变化的曲线。该设计中 SIW 腔体上的矩形长缝,既是辐射口径,又起到隔离上下两端口的作用。从图 6-6 中可以看出,该缝隙宽度过小时,两端口间的隔离度会变差,该缝隙宽度大到一定程度时,继续增大并不会给隔离度带来明显改善。综合考虑隔离度和结构紧凑度,长缝宽度 w_s 为 $0.8\,\mathrm{mm}$。

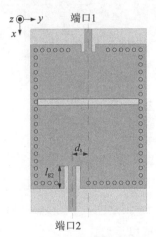

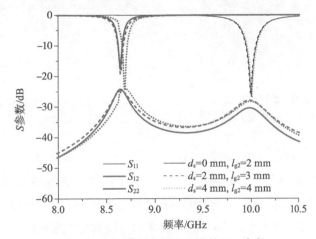

图 6-7 端口 2 位移的 SIW 背腔自
双工天线单元结构图

图 6-8 SIW 背腔自双工天线单元 S 参数
随 d_s、l_{g2} 变化的曲线

将自双工天线单元的端口 2 从中心线的位置做了一定的位移 d_s,如图 6-7 所示。由于该结构中辐射缝隙两侧的电场幅度和相位是不同的,因此对天线的端口进行一定的位置位移并不影响该设计端口间良好的隔离度。我们对天线单元中端口 2 的偏移量 d_s 与 S 参数的关系做了仿真研究,如图 6-8 所示。为了保证阻抗匹配,端口 2 处的缝隙长度 l_{g2} 随偏移量 d_s 的不同进行相应变化。可以看出,随着端口 2 的偏移,天线单元的 S 参数几乎保持不变。由于改变的是端口 2 的参数 d_s 和 l_{g2},因此对下半部分的 SIW 半模谐振腔

的谐振频点有略微的扰动,除此之外上半部分的谐振频点保持在 10 GHz 不变,端口 1 和端口 2 之间的隔离度保持在 −24 dB 以下。

6.2.3 频率扫描天线阵列设计与分析

在天线单元端口 2 位移后的对称位置增加一个端口 3,如图 6-9 所示。将 16 个这种天线紧密排列成一列,如图 6-10 所示。相邻的两个单元共用一个金属壁,并且用微带线将相邻的两个端口相连。这样这些单元的下半部分就串联在了一起,形成了一个阵列,可以看作是以微带线为传输结构、HMSIW 腔为辐射单元的周期性漏波天线,称为漏波天线 1。当 $d_s = 2.25$ mm,$l_{g2} = 4.5$ mm,$l_1 = 1.8$ mm 时,漏波天线 1 及其单元的 S 参数仿真曲线如图 6-11 所示。可以看出,漏波天线 1 存在两个潜在的工作频带,即频带 1 和频带 2,两个频带中间部分为阻带。

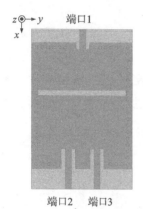

图 6-9　端口 3 自双工
天线单元结构图

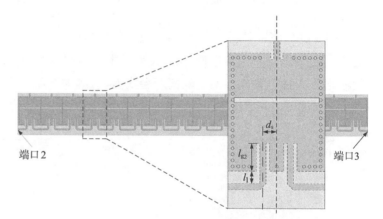

图 6-10　漏波天线 1 及其单元结构示意图

分析自双工漏波天线单元结构的下半部分,SIW 过孔提供并联电感 L_L,微带线与 SIW 腔连接处的缝隙提供串联电容 C_L,加上传统传输线结构就存在的串联电感 L_R 和并联电容 C_R,该漏波天线的单元都可以看作是 CRLH TL 单元,等效电路如图 6-12 所示。CRLH TL 结构的串联谐振频率和并联谐振频率可以分别写成以下形式:

$$\omega_{se} = \frac{1}{\sqrt{L_R C_L}} \tag{6-1}$$

$$\omega_{sh} = \frac{1}{\sqrt{L_L C_R}} \tag{6-2}$$

根据 ω_{se} 和 ω_{sh} 之间的大小关系,可以将 CRLH TL 传输线分为两类:非平衡态($\omega_{se} \neq \omega_{sh}$)和平衡态($\omega_{se} = \omega_{sh}$)。处于非平衡条件下时,在 $\min(\omega_{se}, \omega_{sh}) < \omega_0 < \max(\omega_{se}, \omega_{sh})$ 区域,电磁波不能传播,具有阻带特性。

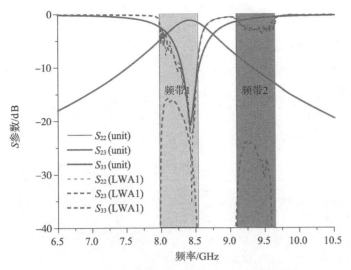

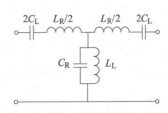

图 6-11　漏波天线 1 及其单元 S 参数曲线　　　图 6-12　漏波天线单元等效电路模型

如图 6-11 所示,此时天线就处于非平衡态,存在阻带,我们可以通过调整单元结构来改变等效电路中的分布参数,使得串联谐振频率 ω_{se} 和并联谐振频率 ω_{sh} 相等,实现平衡态,从而将阻带抑制,把频带 1 和频带 2 结合到一起。

如图 6-13 所示,在漏波天线 1 单元的基础上,在微带线与下半部分腔体的连接处增加了两个三角形结构,在单元底部中央部分增加一个金属探针,并优化微带线的尺寸,最终我们得到了漏波天线 2。该漏波天线更新和增加部分结构尺寸如下:$w_{f2}=0.5$ mm,$l_{g2}=7$ mm,$l_1=1.2$ mm,$l_2=3.4$ mm,$l_3=2.5$ mm,$l_4=3$ mm,$l_5=1.25$ mm。

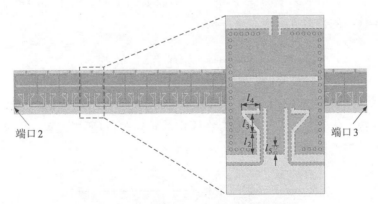

图 6-13　漏波天线 2 及其单元结构示意图

其余结构尺寸与漏波天线 1 相同。漏波天线 2 及其单元的 S 参数仿真曲线如图 6-14 所示。可以看出,该结构将漏波天线 1 中的频带 1 和频带 2 结合到了一起,具有覆盖从 7 GHz 到 9 GHz 连续的阻抗带宽。从图中可以看出,在工作频带中漏波天线 2 的反射系数在约 7.8 GHz 处达到最高点,此处即为 $\omega_{se}=\omega_{sh}$ 的过渡点。

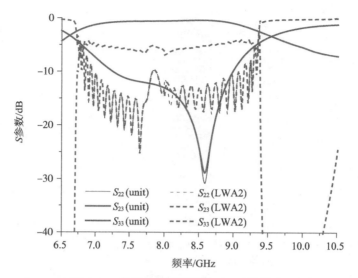

图6-14 漏波天线2及其单元S参数曲线

在微带线与下半部分腔体的连接处增加两个三角形贴片结构,增强了并联电容 C_R,单元底部中央部分增加金属探针,增强了并联电感 L_L,结合式(6-2)可知并联谐振频率 ω_{sh} 降低。增加两个三角形贴片的同时也增长了微带线与腔体之间的缝隙,增强了串联电容 C_L,调窄了微带线的宽度,略微降低了串联电感 L_R,结合式(6-1)可知串联谐振频率 ω_{se} 略微降低。因此,通过改进达到平衡态后漏波天线2的工作频段要低于原本漏波天线1的工作频段。

为了进一步研究漏波天线的性能,我们对漏波天线1和2的单元的色散曲线进行分析。周期性传输线的色散方程为:

$$\gamma = \alpha + \mathrm{j}\beta = \frac{1}{p}\mathrm{arch}\left(\frac{A+D}{2}\right) \tag{6-3}$$

式中, p 为周期性单元的长度; α 是衰减常数; β 是相位常数; γ 是传播常数; A 和 D 是单元结构的传输系数。传输系数与 S 参数存在固定的转换关系,所以该单元结构的色散方程也可以写成以下等效形式:

$$\gamma = \alpha + \mathrm{j}\beta = \frac{1}{p}\mathrm{arch}\left(\frac{1-S_{22}S_{33}+S_{23}S_{32}}{2S_{32}}\right) \tag{6-4}$$

通过提取漏波天线周期性单元的 S 参数,代入式(6-4),即可获得该结构的衰减常数曲线和相位常数曲线,如图6-15所示。在图6-15(a)中,观察到 $8.55\sim9.2\,\mathrm{GHz}$ 之间衰减常数 α 增大,存在一个阻带。当在单元中添加两个三角形条带、一个探针,并调整微带线的结构参数后,单元等效电路中的分布参数对应也发生变化。从图6-15(b)中可以看出,漏波天线2达到了平衡态,左手区和右手区的过渡频率约为 $7.8\,\mathrm{GHz}$ 的频率范围,辐射区域基本能够覆盖 7～9 GHz 的频率范围。从色散曲线观察到的结果与图 6-11、图 6-14 中 S 参数曲线能够互相印证。

在过渡频点,串联谐振频率 ω_{se} 和并联谐振频率 ω_{sh} 相等:

$$\omega_0 = \frac{1}{\sqrt[4]{L_R C_R L_L C_L}} = \omega_{se} = \omega_{sh} \tag{6-5}$$

此时,相位常数 β 为 0,说明在这个频点天线辐射方向为边射。漏波天线在左手区后向辐射,在右手区前向辐射,结合在过渡点的边射,该漏波天线能够实现后向到前向的连续波束扫描。

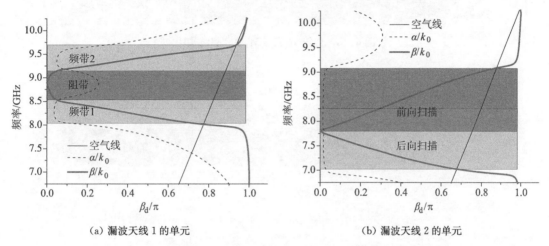

（a）漏波天线 1 的单元　　　　　　　（b）漏波天线 2 的单元

图 6-15　漏波天线 1 和 2 单元的色散曲线

6.2.4　16 路 SIW 功分器

为了给这些单元的上半部分等幅同相地馈电,设计了一个 16 路 SIW 功分器。给 16 个单元等幅同相馈电,传统设计中,经常设计一个复杂的四级级联的馈电网络,其结构示意图如图 6-16 所示,需要用到 15 个一分二功分器,结构复杂且尺寸很大。

本设计中,为了减小天线的整体尺寸,设计了一款紧凑型的 16 路 SIW 功分器。如图 6-17 所示,该 16 路功分器采用一个两级结构的设计,只使用了 9 个一分二功分器。该 16 路功分器的工作频率为 10 GHz,其结构中所有的 SIW 宽度和耦合窗的尺寸都设计为半个波导波长 $\lambda_g/2$。在第二级结构中,相邻的两个功分器与第一级结构的耦合窗距离相差一个波导波长 λ_g,所以第二级 8 个一分二功分器的 16 个端口可以实现等幅同相。为了实现好的阻抗匹配和等幅同相性能,功分器的结构需要做许多微调,具体结构参数见表 6-1。SIW 的宽度越窄相位变化越快,利用这个特性,功分器第一级的 SIW 宽度从中间到两端逐渐变窄,以此来调整相位。耦合窗口越大则通过能量越多,从中间到两端两级之间的耦合窗逐渐变宽,以此来调整幅度。最后各耦合窗的位置再做微调,以平衡相邻两端口的性能。在 10 GHz 时,该紧凑型 16 路 SIW 功分器的电场分布如图 6-18 所示。该功分器

的仿真 S 参数和相位响应曲线如图 6-19 所示。由于其具有对称结构，因此图 6-19 中只给出了端口 1 到端口 9 的传输参数。从 9.9 GHz 到 10.08 GHz，该功分器的输出端口幅度差最大为 0.7 dB，相位差最大为 8°。

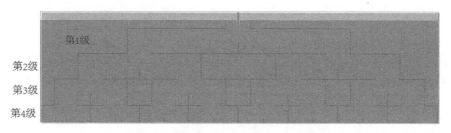

图 6-16 传统 16 路 SIW 功分器结构图

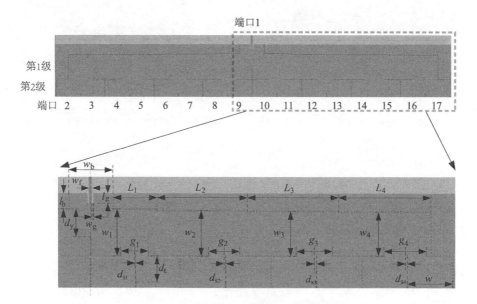

图 6-17 紧凑型 16 路 SIW 功分器结构图

表 6-1 紧凑型 16 路 SIW 功分器结构参数　　　　　单位：mm

w_b	w_f	w_g	l_b	l_g	d_y	d_t	L_1
17.5	1	0.5	4.75	4	7.5	8	12.75
L_2	L_3	L_4	w_1	w_2	w_3	w_4	g_1
29	29	29.5	14.5	14	13.8	13.6	9
g_2	g_3	g_4	d_{s1}	d_{s2}	d_{s3}	d_{s4}	
10	11.6	13.7	0.4	0.5	0.7	0.65	

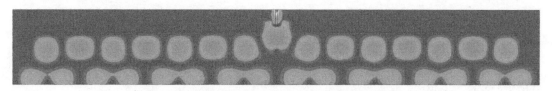

图 6-18　紧凑型 16 路 SIW 功分器电场分布(10 GHz)

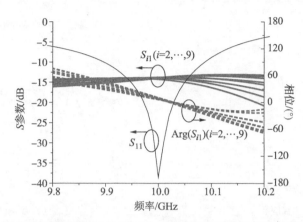

图 6-19　紧凑型 16 路 SIW 功分器的 S 参数和相位响应曲线

6.2.5　天线测试结果与讨论

将漏波天线 2 和紧凑型 16 路 SIW 功分器结合在一起,就实现了一个具有频扫功能的 SIW 背腔自双工天线阵。制作了天线实物进行实验验证。如图 6-20 所示是装配好的原型天线实物的正反面照片。

(a) 正面

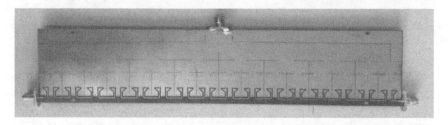

(b) 反面

图 6-20　边射/波束扫描 SIW 背腔自双工天线阵列实物图

　　如图 6-21 所示是该天线阵列的仿真和实测 S 参数曲线。可以看出,端口 1 馈电时,实测工作频率与仿真结果有 0.2 GHz 的频偏。实测中漏波天线的工作频率依然能够覆盖 7～9 GHz,与仿真结果保持一致。另外,端口 1 和端口 2、3 间的隔离度在仿真和实测中均能保持低于 −35 dB。

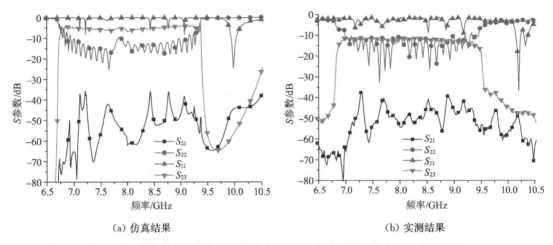

(a) 仿真结果　　　　　　　　　　　　　(b) 实测结果

图 6-21　边射/波束扫描 SIW 背腔自双工天线阵列仿真与实测 S 参数曲线

　　当该天线由端口 1 馈电时,其为并馈阵列模式,拥有高增益的边射方向图。图 6-22 为天线在该模式时仿真和实测方向图。仿真增益为 15.49 dBi(10 GHz),实测增益为 15.10 dBi(10.2 GHz)。实测方向图与仿真结果一致性良好,尤其是在 +z 半空间内。天线的 E 面方向图并不对称,这是由于引入了一个 16 路 SIW 功分器,破坏了天线阵列整体的对称性。

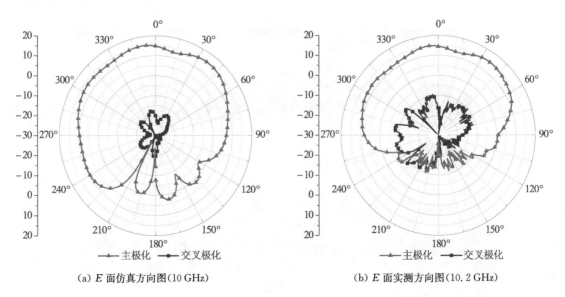

(a) E 面仿真方向图(10 GHz)　　　　　　(b) E 面实测方向图(10.2 GHz)

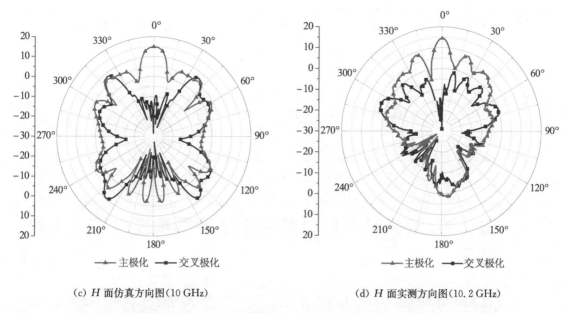

（c）H 面仿真方向图（10 GHz）　　　　　　（d）H 面实测方向图（10.2 GHz）

图 6-22　边射/波束扫描 SIW 背腔自双工天线阵列端口 1 馈电仿真与实测方向图

当该天线由端口 2 馈电，端口 3 接匹配负载时，其为漏波天线模式，能够实现从后向到前向的波束扫描特性。连续波束扫描范围覆盖了 −50°～46°。如图 6-23 所示为天线频率扫描的仿真与实测方向图。具体在不同频率时，波束的辐射方向和增益结果可见表 6-2。由表可见实测结果与仿真结果一致性良好，该天线在波束扫描频率范围内，实测增益均在 12 dBi 以上，并且最大增益变化在 3 dB 以内。

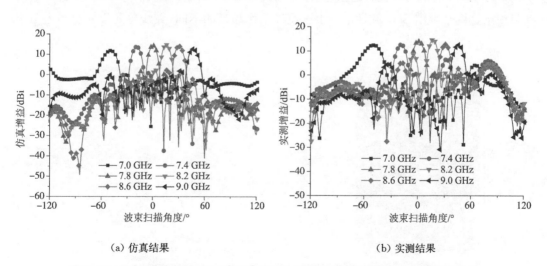

（a）仿真结果　　　　　　　　　　　　　（b）实测结果

图 6-23　边射/波束扫描 SIW 背腔自双工天线阵列端口 2 馈电仿真与实测方向图

表 6-2　边射/波束扫描自双工天线漏波模式最大辐射方向和增益仿真与实测结果

频率/GHz		7.0	7.4	7.8	8.2	8.6	9.0
最大辐射方向	仿真值	−49°	−19°	0°	16°	30°	47°
	实测值	−50°	−19°	0°	17°	31°	46°
增益/dBi	仿真值	11.84	13.74	14.32	14.76	14.06	12.63
	实测值	12.40	12.64	14.02	14.71	12.81	12.57

6.3　设计 2：双频波束扫描基片集成波导背腔自双工天线阵列

上节以 SIW 背腔缝隙自双工天线作为单元，设计了一款具有边射、波束扫描两种功能的 SIW 背腔自双工天线阵列，本节在此基础上进行进一步探索，设计了一款具有双频波束扫描功能的 SIW 背腔自双工天线阵列。

6.3.1　自双工单元设计与分析

与上节的设计思路类似，首先设计了基于 SIW 背腔结构的自双工天线单元如图 6-24 所示，图中浅灰色表示介质板，深灰色表示介质板表面金属结构。四周金属化过孔构成了 $L \times w$ 的 SIW 腔，中间横置的缝隙将结构分成了上下两个尺寸不同的 HMSIW 腔，分别用微带线给这两个半模 SIW 腔馈电。由于设计工作频带的不同，天线单元尺寸也与上节不

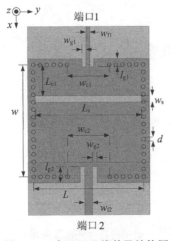

图 6-24　自双工天线单元结构图

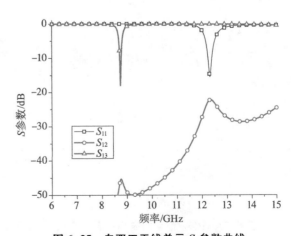

图 6-25　自双工天线单元 S 参数曲线

同,具体结构参数为:$L=14.5$ mm,$w=13.9$ mm,$L_s=14$ mm,$w_s=0.8$ mm,$L_{c1}=$ 3.85 mm,$w_{c1}=5.5$ mm,$w_{c2}=5.5$ mm,$w_{f1}=0.5$ mm,$w_{f2}=1$ mm,$l_{g1}=1$ mm,$l_{g2}=$ 2 mm,$w_{g1}=0.5$ mm,$w_{g2}=0.6$ mm,$d=0.5$ mm。此时单元的 S 参数曲线如图 6-25 所示。两端口分别工作在 12.32 GHz 和 8.75 GHz,由于天线单元的结构更为紧凑,因此端口隔离度稍有恶化,但仍保持在-20 dB 以下。

6.3.2　频率扫描天线阵列设计与分析

将图 6-24 中的自双工天线单元的上下两部分,均做如上节的端口位移再对称地改进,得到如图 6-26 所示的 4 端口自双工天线单元结构。其优化后的结构参数为:$g=$ 4.5 mm,$w_f=0.5$ mm,$w_g=0.6$ mm,$p=1.25$ mm,$u_1=1$ mm,$u_2=1.2$ mm,$u_3=$ 1.2 mm,$u_4=2.6$ mm,$u_5=1$ mm,$l_1=1$ mm,$l_2=3.6$ mm,$l_3=2.5$ mm,$l_4=3$ mm,$l_5=0.6$ mm,$l_6=7$ mm。该单元的 S 参数曲线如图 6-27 所示,端口隔离度在保持-23 dB 以下的情况下,天线单元上下两部分的工作带宽都得到了展宽。对该结构的上下两部分均做色散曲线分析,如图 6-28 所示。从图中可以看出,通过结构改进和参数调整,上下两部分都达到平衡态,上半部分的过渡频率为 11.4 GHz,下半部分的过渡频率为 7.9 GHz。将 16 个该单元紧密排列,相邻单元共用同一个金属壁,上下部分各自串联就得到了如图 6-29 所示的双频波束扫描 SIW 背腔自双工天线阵列。

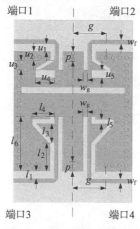

图 6-26　4 端口自双工天线单元结构

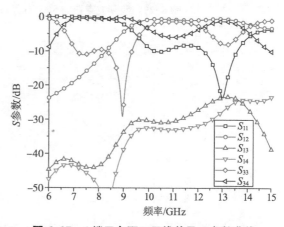

图 6-27　4 端口自双工天线单元 S 参数曲线

如图 6-30 所示为双频波束波束扫描 SIW 背腔自双工天线阵列 S 参数仿真曲线,由图可得该天线的阻抗带宽为 9.95~13.9 GHz 和 7.06~9.42 GHz,与图 6-28 色散曲线中辐射区域的频率相对应,且端口间隔离度保持在-21 dB 以下。图 6-31 所示为天线辐射方向图的仿真曲线,端口 1 馈电 10 GHz 时的方向图增益衰减明显,故此处舍去。由图可知,端口 1 馈电时,在 11~13.9 GHz 频带范围内,波束能从$-4°$扫描到 37°,端口 3 馈电时,在 7.1~9.4 GHz 频带范围内,波束扫描范围为$-43°$~55°。

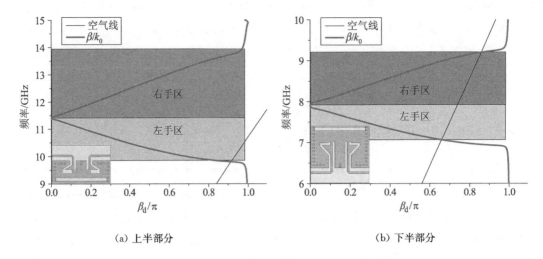

（a）上半部分 　　　　　　　　　　　　　（b）下半部分

图 6-28　单元色散曲线

图 6-29　双频波束扫描 SIW 背腔自双工天线阵列结构图

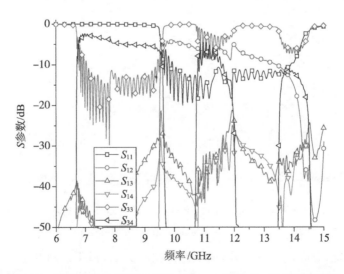

图 6-30　双频波束扫描 SIW 背腔自双工天线阵列 S 参数仿真曲线

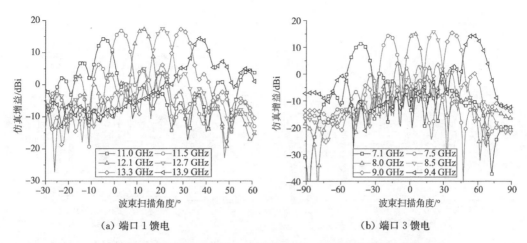

（a）端口 1 馈电　　　　　　　　　（b）端口 3 馈电

图 6-31　双频波束扫描 SIW 背腔自双工天线阵列仿真方向图

6.3.3　天线测试结果与讨论

经上述仿真优化后，天线采用 0.5 mm 厚的 Rogers5880 介质板制作，实物如图 6-32 所示。使用矢量网络分析仪测得天线实测 S 参数如图 6-33 所示，天线实际阻抗带宽为 10～14.05 GHz 和 7.05～7.6 GHz，端口隔离度在 −23 dB 以下。如图 6-34 所示为实测方向图，天线在 11～13.9 GHz 和 7.1～9.4 GHz 分别实现了 −5°～39° 和 −43°～56° 的频率扫描特性。天线具体的仿真和实测辐射特性见表 6-3。由于端口间隔离度较高，故可以在双工模式下进行工作。

图 6-32　双频波束扫描 SIW 背腔自双工天线阵列实物图

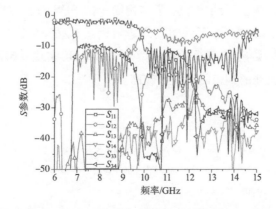

图 6-33　双频波束扫描 SIW 背腔自双工天线阵列实测 S 参数曲线

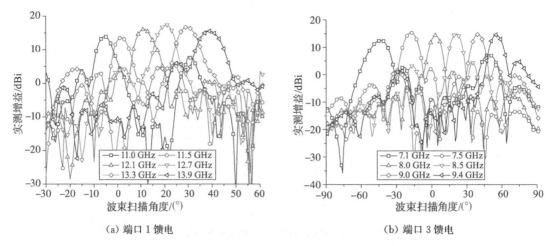

(a) 端口 1 馈电　　　　　　　　　　(b) 端口 3 馈电

图 6-34　双频波束扫描 SIW 背腔自双工天线阵列实测方向图

表 6-3　双频波束扫描自双工天线阵列最大辐射方向和增益仿真与实测结果

端口 1 馈电	频率/GHz	11.0	11.5	12.1	12.7	13.3	13.9
最大辐射方向	仿真值	−4°	−3°	12°	21°	29°	37°
	实测值	−5°	−2°	12°	21°	30°	39°
增益/dB	仿真值	14.25	16.79	17.28	17.42	17.21	14.38
	实测值	13.86	13.58	16.11	17.36	16.69	15.58
端口 3 馈电	频率/GHz	7.1	7.5	8.0	8.5	9.0	9.4
最大辐射方向	仿真值	−43°	−18°	3°	21°	38°	55°
	实测值	−43°	−18°	3°	21°	39°	56°
增益/dB	仿真值	11.30	14.48	15.27	15.78	15.47	14.52
	实测值	12.54	15.33	14.34	14.96	14.70	14.49

本章提出了具有频率波束扫描性能的 SIW 背腔自双工天线设计,同时具有自双工天线和漏波天线的特性。两款天线均采用了结构简单的 SIW 背腔缝隙自双工天线作为单元。首先,结合并馈和串馈方式,可同时实现边射模式和频率波束扫描模式。其次,对单元结构进行改进后,单元的上下部分均采用微带线串馈,可实现双频波束扫描的自双工天线阵列。两款自双工天线的端口隔离度都较高。

参考文献

［1］Mao C X, Jiang Z H, Werner D H, et al. Compact self-diplexing dual-band dual-sense circularly polarized array antenna with closely spaced operating frequencies［J］. IEEE Transactions on Antennas and Propagation, 2019, 67(7): 4617-4625.

［2］Khan A A, Mandal M K. Compact self-diplexing antenna using dual-mode SIW square cavity［J］.

IEEE Antennas and Wireless Propagation Letters, 2019, 18(2): 343-347.

［3］Mukherjee S, Biswas A. Design of self-diplexing substrate integrated waveguide cavity-backed slot antenna[J]. IEEE Antennas and Wireless Propagation Letters, 2016, 15: 1775-1778.

［4］Lu Y C, Lin Y C. A mode-based design method for dual-band and self-diplexing antennas using double T-stubs loaded aperture[J]. IEEE Transactions on Antennas and Propagation, 2012, 60 (12): 5596-5603.

［5］Nawaz H, Tekin I. Dual polarized patch antenna with high inter-port isolation for 1 GHz in-band full Duplex applications［C］//2016 IEEE International Symposium on Antennas and Propagation. Fajardo, PR, USA. IEEE: 2153-2154.

［6］Nawaz H, Tekin I. Dual-polarized, differential fed microstrip patch antennas with very high interport isolation for full-duplex communication［J］. IEEE Transactions on Antennas and Propagation, 2017, 65(12): 7355-7360.

［7］Lee C H, Chen S Y, Hsu P. Isosceles triangular slot antenna for broadband dual polarization applications[J]. IEEE Transactions on Antennas and Propagation, 2009, 57(10): 3347-3351.

［8］Li W W, Zeng Z J, You B Q, et al. Compact dual-polarized printed slot antenna[J]. IEEE Antennas and Wireless Propagation Letters, 2017, 16: 2816-2819.

［9］Pereira L S, Heckler M V T. Dual-band dual-polarized microstrip antenna for Rx/Tx terminals for high altitude platforms[C]//2015 9th European Conference on Antennas and Propagation (EuCAP). Lisbon, Portugal. IEEE: 1-5.

［10］Mao C X, Gao S, Wang Y, et al. Compact highly integrated planar duplex antenna for wireless communications[J]. IEEE Transactions on Microwave Theory and Techniques, 2016, 64 (7): 2006-2013.

［11］Zayniyev D, Abutarboush H F, Budimir D. Microstrip antenna diplexers for wireless communications［C］// 2009 European Microwave Conference (EuMC). Rome, Italy. IEEE: 1508-1510.

［12］Li R Z, Hua C Z, Lu Y L, et al. Dual-polarized aperture-coupled filtering antenna[C]//2017 International Workshop on Electromagnetics: Applications and Student Innovation Competition. London, UK. IEEE: 152-153.

［13］Duan W, Zhang X Y, Pan Y M, et al. Dual-polarized filtering antenna with high selectivity and low cross polarization[J]. IEEE Transactions on Antennas and Propagation, 2016, 64(10): 4188-4196.

［14］Wang X, Chen W H, Feng Z H, et al. Compact dual-polarized antenna combining printed monopole and half-slot antenna for MIMO applications[C]//2009 IEEE Antennas and Propagation Society International Symposium. Charleston, SC. IEEE: 1-4.

［15］Li Y, Zhang Z J, Feng Z H, et al. Dual-mode loop antenna with compact feed for polarization diversity[J]. IEEE Antennas and Wireless Propagation Letters, 2011, 10: 95-98.

［16］Cheong P, Chang K F, Choi W W, et al. A highly integrated antenna-triplexer with simultaneous three-port isolations based on multi-mode excitation［J］. IEEE Transactions on Antennas and

Propagation, 2015, 63(1): 363-368.

[17] Kumar A, Chaturvedi D, Raghavan S. Design and experimental verification of dual-Fed, self-diplexed cavity-backed slot antenna using HMSIW technique[J]. IET Microwaves, Antennas & Propagation, 2019, 13(3): 380-385.

[18] Kumar A, Chaturvedi D, Raghavan S. Dual-band, dual-fed self-diplexing antenna[C]// 2019 13th European Conference on Antennas and Propagation (EuCAP), Krakow, Poland, 2019.

[19] Boukarkar A, Lin X Q, Jiang Y, et al. A tunable dual-fed self-diplexing patch antenna[J]. IEEE Transactions on Antennas and Propagation, 2017, 65(6): 2874-2879.

[20] Nandi S, Mohan A. An SIW cavity-backed self-diplexing antenna[J]. IEEE Antennas and Wireless Propagation Letters, 2017, 16: 2708-2711.

[21] Fu J H, Li A, Chen W, et al. An electrically controlled CRLH-inspired circularly polarized leaky-wave antenna[J]. IEEE Antennas and Wireless Propagation Letters, 2017, 16: 760-763.

[22] Dong Y D, Itoh T. Metamaterial-inspired broadband mushroom antenna[C]//2010 IEEE Antennas and Propagation Society International Symposium. Toronto, Canada. IEEE: 1-4.

第 7 章　平面定波束漏波天线

7.1　引言

平面漏波天线通常采用微带工艺实现,具有结构简单、成本低、易集成以及易实现多功能等特性。微带天线的主要缺点有：一是高频的损耗逐渐增加;二是品质因数很高而导致其频带较窄。漏波天线因其行波的辐射机制,所以具有很宽的工作带宽。但其具有频率扫描特性,无法运用于点对点的宽带无线通信中。为此,利用漏波天线的宽带特性实现定波束成为研究热点。

当前,现代无线通信中对于毫米波的应用越来越多,诸如高速无线数据传输、短距雷达、高分辨率微波成像等。这些技术对低成本、高性能的集成电路都有着极大的需求。近十几年来,它们的进步都离不开 SIW 技术的提出和发展。SIW 结构集合了传统金属波导和 PCB 技术的优点,质量轻、成本低、易集成、屏蔽性好。由于 SIW 结构中介质的存在,因此依然存在介质损耗,当工作在高频段(Ka 波段甚至以上)时,这个损耗已不可忽略。为了减小这部分介质损耗,伊朗德黑兰大学的 N. Ranjkesh 和 M. Shahabadi 在 2006 年就首次提出了在多层 SIW 中挖去部分填充介质的模型,并对该结构的衰减常数和截止频率进行了计算和仿真,但遗憾的是他们的研究只停留在了理论分析层面。加拿大蒙特利尔大学的吴柯教授课题组早些时候就提出过在 SIW 结构中引入空气孔来展宽 SIW 的工作带宽,或是作为移相器的应用。法国格勒诺布尔理工学院的 T. P. Vuong 教授课题组对空气填充的 SIW(Air-filled SIW，AFSIW)的截止频率、传输损耗、功率容量都做了详细的分析,并进行了实验验证。

本章探索了 AFSIW 在漏波天线设计中的应用。首先,以 AFSIW 为传输结构,在上层介质板上挖出"八字形"辐射缝隙阵列,设计了宽带圆极化波束扫描天线;其次,利用 AFSIW 相位常数小的特点,设计了定波束的漏波天线;最后,在 AFSIW 定波束漏波天线的基础上,设计了折叠半模 AFSIW 定波束漏波天线,缩减了天线横向尺寸。

7.2　AFSIW 设计

本节所设计天线的工作频率主要在 12～18 GHz 范围内,故我们只关注传输结构在这个频段的传输损耗。采用 Rogers5880、Taconic RF-35、FR-4 三种不同的介质板，当 AFSIW 截面尺寸为 $h=1$ mm，$w_1=17.5$ mm，$w_2=17$ mm 时，传输损耗仿真曲线如图 7-1(a)所示。作为对比，采用相同介质板材，截面尺寸为 $h=1$ mm，$w=17.5$ mm 的传统 SIW 结构，其传输损耗仿真曲线如图 7-1(b)所示。以上传输结构截止频率最高的是 AFSIW，约为 8.6 GHz，观测频率为 12~18 GHz，避开了截止频率附近的高色散区域。从图 7-1(b)中可以看出，采用常见的低损耗介质板 Rogers5880 的 SIW 结构在 12~18 GHz 的传输损耗约为 0.03 dB/cm，其余常用板材一般均高于这一水平。从图 7-1(a)中可以看出，采用不同板材的 AFSIW 结构在观测频段的传输损耗基本保持在 0.01 dB/cm 左右，约为采用 Rogers 5880 的 SIW 传输损耗的三分之一。即使采用常见的高损耗板材 FR-4，传输损耗也仅略高于 0.01 dB/cm。仿真结果验证了 AFSIW 结构比 SIW 结构在传输损耗方面具有优越性。

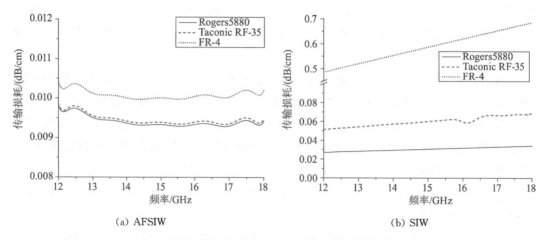

(a) AFSIW　　　　　　　　　　　　(b) SIW

图 7-1　采用不同板材的 AFSIW 和 SIW 传输损耗仿真曲线

为了使 AFSIW 结构能够与标准接口方便连接，设计了一种接地共面波导（Grounded Coplanar Waveguide，GCPW）-SIW-AFSIW 的两级转换过渡结构，其结构如图 7-2 所示。两种不同介电常数的 SIW 之间可以通过渐变的劈尖结构进行转换，从本质上讲 SIW-AFSIW 也是两种不同介质的 SIW 之间的转换，也可以采用类似的转换结构。文献[13]提到的转换结构的劈尖结构，是由具有高介电常数 SIW 伸向具有低介电常数 SIW 的，但考虑到 SIW 中的电场分布主要集中在内部中央位置，为降低转换结构中的介质损耗，本设计采用 AFSIW 伸向 SIW 的劈尖结构作为过渡。

本章 AFSIW 结构均采用厚度 $h=1$ mm，介电常数 $\varepsilon_r=3.5$ 的 Taconic RF-35 介质板，该转换过渡结构的参数为：$w=12$ mm，$w_1=17.5$ mm，$w_2=17$ mm，$w_s=0.5$ mm，$w_f=2$ mm，$w_b=3$ mm，$L_s=8.5$ mm，$L_f=20$ mm，$L_t=40$ mm。将两个 GCPW-SIW-AFSIW 转换过渡结构进行连接，构成背对背传输结构，如图 7-3 所示，$L_a=20$ mm。其 S 参数仿真结果如图 7-4 所示。

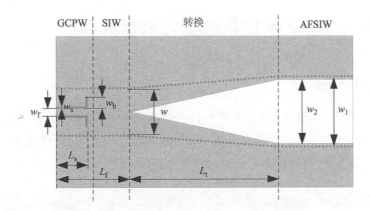

图 7-2　GCPW-SIW-AFSIW 转换过渡结构示意图

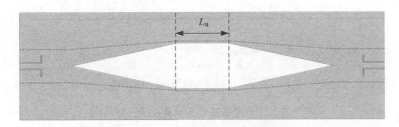

图 7-3　背对背传输结构示意图

对过渡结构长度不同的情况,我们也做了仿真分析,如图 7-4(a)所示,过渡结构越长,过渡越平缓,反射系数越好,但如图 7-4(b)所示过渡结构越长,引入的介质材料就越多,插入损耗也越大。综合考虑反射系数和传输系数,本章我们选择传输结构长度为 40 mm。

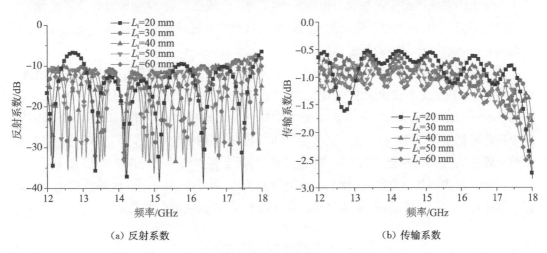

（a）反射系数　　　　　　　　　　（b）传输系数

图 7-4　背对背传输结构随过渡长度 L_t 变化的曲线

7.3　设计 1：AFSIW 宽带圆极化漏波天线

7.3.1　天线设计与分析

　　基于上节设计的 AFSIW 结构,本节设计了一款 AFSIW 宽带圆极化漏波天线,其结构如图 7-5 所示。天线采用 AFSIW 作为传输结构,渐变的"八字形"缝隙阵列作为辐射结构,实现了 12～18 GHz 范围内的宽带圆极化波束扫描。

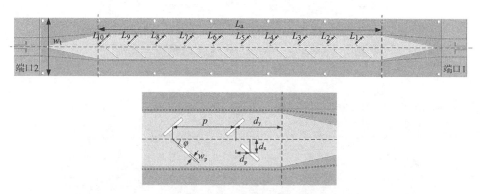

图 7-5　AFSIW 宽带圆极化漏波天线结构图

　　AFSIW 传输结构中空气腔长度 L_a＝200 mm,其他参数与上节背对背传输结构参数相同。辐射结构的上层介质板由 10 对"八字形"缝隙构成,缝隙挖去铜皮和介质上下连通,使能量能够从 AFSIW 通过缝隙向外辐射。每对缝隙内两条缝隙与中心线成夹角 φ,且径向间距为 d_p。夹角 φ 取值约为 45°,间距 d_p 取值约为 AFSIW 中的四分之一波导波长 $\lambda_g/4$,故能够获得相位相差 90°,极化为 ±45° 的两个线极化波,从而能够合成圆极化波。文献[14]和[15]中,将类似缝隙结构应用到传统波导中用矩量法做了具体研究,并证明了该结构可以辐射轴比很小的圆极化波。

　　实际仿真中发现,该设计中缝隙与中心线夹角 φ 为 45° 时,天线圆极化性能并非最优。图 7-6 给出了天线主波束方向轴比随夹角 φ 变化的曲线。当 φ 为 45° 时,13 GHz 和 15 GHz 处主波束方向轴比大于 3 dB。随着夹角 φ 的逐渐减小,13 GHz 和 15 GHz 处的轴比也逐渐降低至 3 dB 以下。当 φ 减小到 40° 时,16 GHz 的轴比恶化到 3 dB 以上。综合考虑整个频段的圆极化性能,当 φ＝41° 时达到最优,所有频点的轴比均在 2.7 dB 以下。

　　每对缝隙内两条缝隙径向间距 d_p 取值约为 AFSIW 中的四分之一波导波长 $\lambda_g/4$,以保证两条缝隙之间能够获得 90° 相位差。波导波长 λ_g 可由以下公式确定：

$$\lambda_g = \frac{\lambda_0}{\sqrt{1-(\lambda_0/\lambda_c)^2}} \tag{7-1}$$

式中,λ_0 为自由空间中的波长；λ_c 为截止波长。本设计采用的 AFSIW 结构的空气腔内壁

介质宽度 w 很小,故其截止波长可近似按 $\lambda_c=2w_1$ 计算。经计算 18 GHz 时,该 AFSIW 中波导波长约为 18.95 mm,四分之一波导波长约为 4.74 mm。主波束方向轴比随 d_p 变化的曲线如图 7-7 所示。由图可知,d_p 从 4.5 mm 逐渐增加到 5.0 mm 时,中间频段(14~16 GHz)的轴比逐渐改善,低频段(12~13 GHz)的轴比逐渐恶化,高频段(17~18 GHz)的轴比稳定保持在 1.5 dB 以下。当 d_p 取值为 4.8 mm 时,整个 12~18 GHz 频段内轴比水平均低于 2.7 dB。

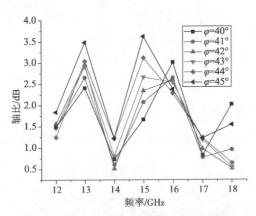

图 7-6 主波束方向轴比随 φ 变化的曲线

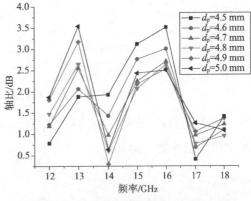

图 7-7 主波束方向轴比随 d_p 变化的曲线

为在 12~18 GHz(40%)的宽频带内获得良好的辐射性能,辐射缝隙阵列采用渐变设计,从馈电端(端口 1)到匹配端(端口 2),辐射缝隙长度从 L_1 逐渐增加到 L_{10},$\Delta l = L_n - L_{n-1}$。当缝隙为同一长度时,$\Delta l=0$,$L_1=L_2=\cdots=L_{10}=L$,缝隙长度 L 取不同值时天线左旋圆极化方向图如图 7-8 所示。从图中可以看出,L 取值较大时,低频段的辐射特性较好,L 取值较小时,高频段的辐射特性较好。

为了兼顾高频和低频段的性能,取得良好的宽带辐射特性,尝试采用辐射缝隙长度渐变的设计。令 $L_1=7.5$ mm,天线左旋圆极化方向图随 Δl 变化的曲线如图 7-9 所示,随着 Δl 的增加,天线高频段的方向图波形逐渐改善且增益提高,低频段则增益逐渐降低。综合

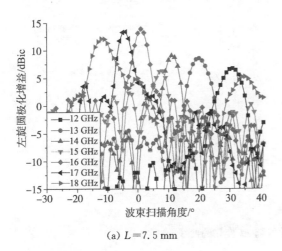

(a) $L=7.5$ mm

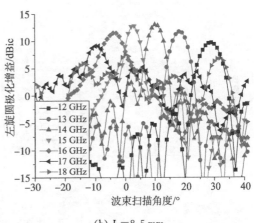

(b) $L=8.5$ mm

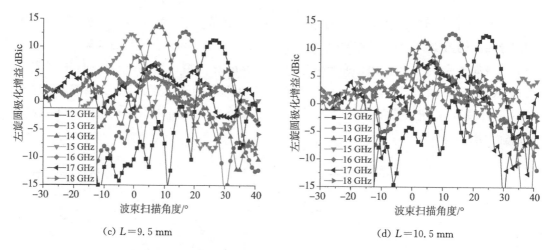

(c) $L = 9.5\,\text{mm}$ (d) $L = 10.5\,\text{mm}$

图 7-8　不同辐射缝隙长度 L 天线左旋圆极化 H 面方向图

考虑 $12 \sim 18\,\text{GHz}$ 整个频段内的平均增益水平和增益平坦度，当 $\Delta l = 0.3\,\text{mm}$ 时，漏波天线的宽带辐射性能达到最佳。

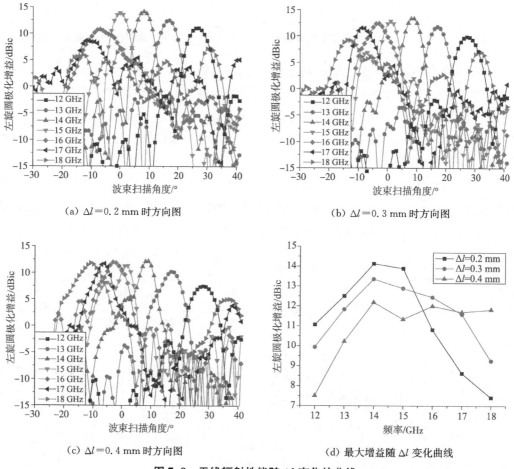

（a）$\Delta l = 0.2\,\text{mm}$ 时方向图   （b）$\Delta l = 0.3\,\text{mm}$ 时方向图

（c）$\Delta l = 0.4\,\text{mm}$ 时方向图   （d）最大增益随 Δl 变化曲线

图 7-9　天线辐射性能随 Δl 变化的曲线

7.3.2 天线测试结果与讨论

基于上述分析，天线经过仿真优化，最终结构参数为 $w=12\ \text{mm}$，$w_1=17.5\ \text{mm}$，$w_2=17\ \text{mm}$，$w_s=0.5\ \text{mm}$，$w_f=2\ \text{mm}$，$w_b=3\ \text{mm}$，$w_t=40\ \text{mm}$，$L_s=8.5\ \text{mm}$，$L_f=20\ \text{mm}$，$L_t=40\ \text{mm}$，$d_x=4\ \text{mm}$，$d_y=5\ \text{mm}$，$p=20\ \text{mm}$，$d_p=4.8\ \text{mm}$，$\varphi=41°$，$w_p=1\ \text{mm}$，$\Delta l=0.3\ \text{mm}$，$L_1=7.5\ \text{mm}$，$L_2=7.8\ \text{mm}$，$L_3=8.1\ \text{mm}$，$L_4=8.4\ \text{mm}$，$L_5=8.7\ \text{mm}$，$L_6=9\ \text{mm}$，$L_7=9.3\ \text{mm}$，$L_8=9.6\ \text{mm}$，$L_9=9.9\ \text{mm}$，$L_{10}=10.2\ \text{mm}$。天线实物加工后与仿真结果进行对比。天线实物如图 7-10 所示。

如图 7-11 所示为天线的仿真与实测 S 参数曲线。天线在 $12\sim18\ \text{GHz}$ 反射系数均小于 $-10\ \text{dB}$。如图 7-12 所示，主波束方向轴比始终保持在 $3\ \text{dB}$ 以下，具有良好的圆极化特性，与仿真结果一致性良好。如图 7-13 所示，天线实测能够在 $12\sim18\ \text{GHz}$ 范围内实现 $-13°\sim28°$ 的波束扫描特性，天线详细的仿真与实测最大辐射方向、增益和轴比结果见表 7-1。

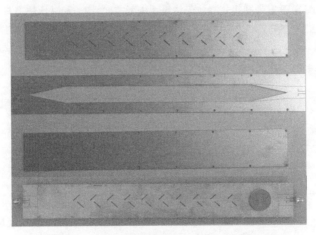

图 7-10 AFSIW 宽带圆极化漏波天线实物图

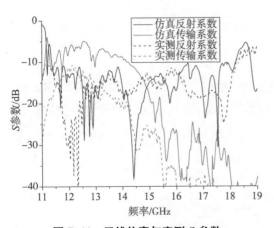

图 7-11 天线仿真与实测 S 参数

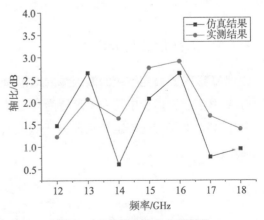

图 7-12 天线仿真与实测轴比

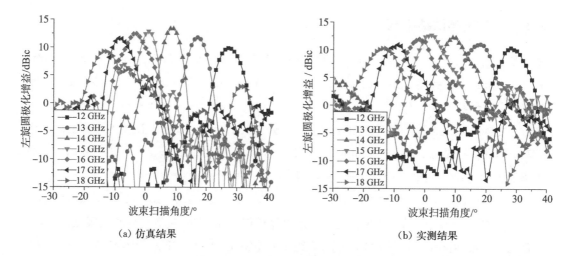

（a）仿真结果　　　　　　　　　　　（b）实测结果

图 7-13　AFSIW 宽带圆极化漏波天线仿真与实测左旋圆极化方向图

表 7-1　AFSIW 宽带圆极化漏波天线最大辐射方向、增益和轴比仿真与实测结果

频率/GHz		12	13	14	15	16	17	18
最大辐射方向	仿真值	27°	17°	9°	1°	−3°	−9°	−14°
	实测值	28°	18°	9°	2°	−2°	−9°	−13°
增益/dBic	仿真值	9.94	11.84	13.37	12.89	12.45	11.59	9.25
	实测值	10.44	11.07	12.29	12.72	11.99	10.95	10.30
轴比/dB	仿真值	1.47	2.65	0.61	2.07	2.64	0.77	0.96
	实测值	1.22	20.6	1.63	2.76	2.91	1.67	1.40

7.4　设计 2：AFSIW 宽带定波束漏波天线

7.4.1　天线设计与分析

AFSIW 宽带定波束漏波天线的结构如图 7-14 所示。基于 7.2 节设计的 AFSIW 结构,在其上层介质板中挖一个尺寸为 $w_a \times L_a$ 的偏置长缝,并在该长缝四周打一圈探针作为金属壁,即可实现该定波束漏波天线设计。漏波天线的最大辐射方向可由式(7-2)来确定:

$$\theta_0 = \arcsin\left(\frac{\beta}{k_0}\right) \qquad (7-2)$$

式中,θ_0 是波束最大辐射方向与天线所在平面法向的夹角;k_0 是自由空间中的波数;β 是

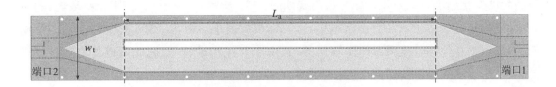

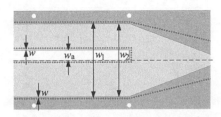

图 7-14　AFSIW 定波束漏波天线结构图

漏波天线中的相位常数。对于封闭式的 AFSIW 结构,近似于封闭的矩形波导,故其基模 TE_{10} 模的相位常数 $\beta_{TE_{10}}$ 和截止波数 k_c 应满足以下关系式:

$$\beta_{TE_{10}}^2 + k_c^2 = k_0^2 \tag{7-3}$$

本设计中采用的 AFSIW 结构的空气腔内壁介质宽度 w 很小,故其截止波数可近似按 $k_c = 2\pi/\lambda_c = \pi/w_1$ 计算。故式(7-3)可做以下变形:

$$\beta_{TE_{10}} = \sqrt{k_0^2 - \left(\frac{\pi}{w_1}\right)^2} \tag{7-4}$$

将式(7-4)代入式(7-2)可知,波束最大辐射方向 θ_0 是关于自由空间波长 λ_0 和 AFSIW 宽边尺寸 w_1 的一个函数,当频率越高、AFSIW 宽边尺寸越大时,天线的主波束方向随频率变化的角度越小。实际该设计在 AFSIW 结构的上层介质板上开了一条长缝,并非原本封闭式的波导结构,因此在该漏波天线中传播的并不是原本的 TE_{10} 模,而是准 TEM 模,上述结论只可作为定性分析。

提取如图 7-15 所示的切片单元,对其散射参数进行分析。为了构成一个 TEM 波导,我们将单元 x 方向上的两个面设置为电壁,z 方向上的两个面设置为磁壁,y 方向上的两个面设置为波端口。通过仿真该单元模型的散射参数,可以提取该结构的相位常数和衰减常数。其归一化相位常数曲线如图 7-16 所示,可以看出在 12~18 GHz 范围内,归一化相位常数 β/k_0 的变化幅度很小,由式(7-2)可知其主波束方向角度变化很小,且频率

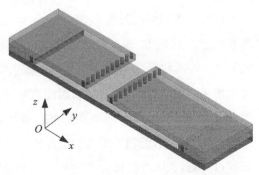

图 7-15　AFSIW 漏波天线切片单元

越高角度变化越小。归一化衰减常数曲线如图 7-17 所示,可以看出,在工作频段内,随着频率的提高,归一化衰减常数逐渐减小,且总体数值很小。因为 AFSIW 中以空气为传输介质,故该损耗大部分是用于产生辐射的,又由于衰减常数较小,因此可以将有效口径设计得比较大,从而能够获得高增益和窄波束的特性。

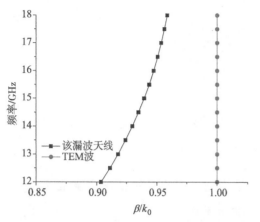

图 7-16　AFSIW 漏波天线归一化相位常数曲线

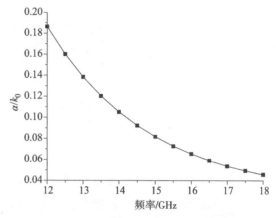

图 7-17　AFSIW 漏波天线归一化衰减常数曲线

　　天线采用多层 PCB 板结构,上层介质板上 $w_a \times L_a$ 的长缝为辐射口径,不同于传统金属矩形波导直接在金属壁上开缝,介质板存在一定的厚度仍会引入一些介质损耗影响天线增益。在辐射长缝的四周打一圈金属探针,对电场有一定的导向效果,减少在上层介质板中的耗散。如图 7-18 所示为天线在上层介质板有无金属探针情况下的增益曲线。可以看出,在辐射长缝四周加上金属探针能够在一定程度上提高 14～18 GHz 的增益,并有效改善天线增益平坦度。

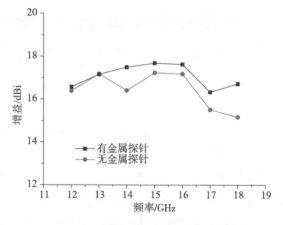

图 7-18　AFSIW 漏波天线上层有无金属探针增益曲线

　　该设计中长缝的长度 L_a 即为辐射口径长度,调整该尺寸即可调整天线的波瓣宽度和增益强度。图 7-19 为天线增益随 L_a 变化的曲线,图 7-20 为天线不同口径长度时在 15 GHz 的方向图。从图中可以看出,随着缝隙长度 L_a 的增加,天线增益逐渐提高,方向性逐渐增强。由于存在衰减常数,因此该漏波天线辐射口径上的场并非是均匀分布的,故缝隙长度 L_a 每增加一倍,增益并非都能增加 3 dB。因为低频段的衰减常数更大,所以随着缝隙长度的增加,低频段增益的提升比高频段要小。而且由于口径场分布不均匀,当口径长度过大时,天线方向图会产生畸变。此处选择缝隙长度 L_a 为 480 mm,此时天线拥有良好的增益平坦度(1.5 dB 以内)和方向图波形。

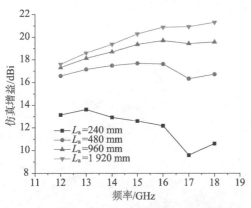
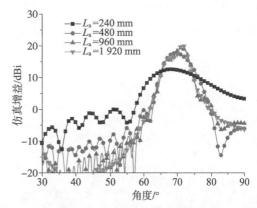

图 7-19　AFSIW 漏波天线增益随 L_a 变化的曲线　　**图 7-20　AFSIW 漏波天线随 L_a 变化的方向图（15 GHz）**

缝隙宽度 w_a 与天线辐射性能的关系如图 7-21、图 7-22 所示。当缝隙宽度 w_a 较窄时,增加宽度即为增加辐射口径,能够有效地提高天线在整个工作频段的增益。增加缝隙宽度 w_a 在增加辐射的同时也会增大衰减常数,当 w_a 大到一定程度时,能量沿径向衰减过于迅速从而引起方向图畸变,反而会降低天线增益。由图 7-17 可知天线在低频段的衰减常数较大,所以随着缝隙宽度 w_a 的增大,天线首先在低频段出现增益降低的情况。综合考虑天线在整个工作频段内的增益水平和增益平坦度,最终选择缝隙宽度 $w_a=4.2$ mm。

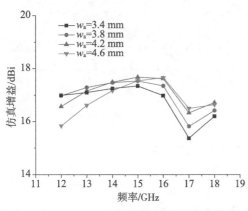
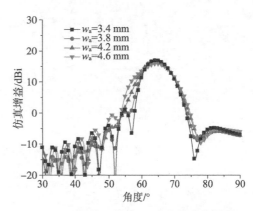

图 7-21　AFSIW 漏波天线增益随 w_a 变化的曲线　　**图 7-22　AFSIW 漏波天线随 w_a 变化的方向图（12 GHz）**

根据式(7-4)分析可知,当天线 AFSIW 的宽边尺寸 w_1 增加时,漏波天线的波数 β 会变大,波数随频率的变化率却变小,因此漏波天线主波束方向 θ_0 会增大,天线主波束方向随频率变化的角度却会减小。图 7-23 为 AFSIW 宽边尺寸 w_1 取不同值时漏波大线的辐射方向图,为了保证主波束形状不产生畸变,辐射长缝的宽度 w_a 也要做相应调整。当 $w_1=18$ mm, $w_a=1.4$ mm 时,天线主波束方向变化范围为 $46°\sim63°$;当 w_1 增大到 36 mm, $w_a=5.6$ mm 时,天线主波束方向变化范围为 $68°\sim75°$,印证了上述结论。综合考虑，选择 $w_1=36\ \text{mm}$，$w_a=5.6\ \text{mm}$，此时天线主波束在 40% 带宽内（12～18 GHz）变化范围仅为 8°（65°～73°），已有不错的定波束效果。

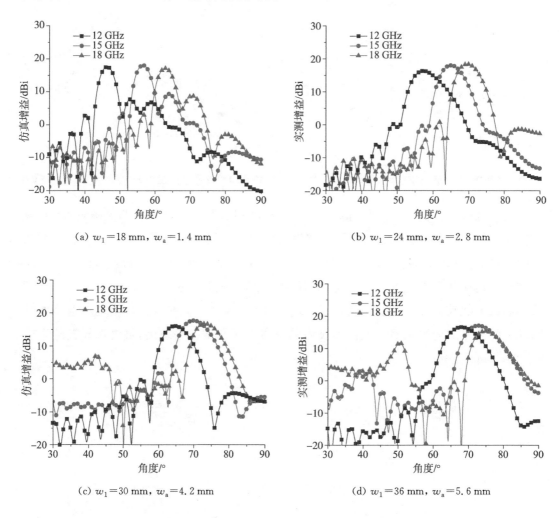

(a) $w_1=18\ \text{mm}$，$w_a=1.4\ \text{mm}$　　　　(b) $w_1=24\ \text{mm}$，$w_a=2.8\ \text{mm}$

(c) $w_1=30\ \text{mm}$，$w_a=4.2\ \text{mm}$　　　　(d) $w_1=36\ \text{mm}$，$w_a=5.6\ \text{mm}$

图 7-23　AFSIW 漏波天线在 w_1 取不同值时的辐射方向图

7.4.2　天线测试结果与讨论

经过仿真优化，天线最终的结构参数为 $w_1=30\ \text{mm}$，$w_2=29.5\ \text{mm}$，$w_a=4.2\ \text{mm}$，$L_a=480\ \text{mm}$，$w_t=40\ \text{mm}$，其端口处结构参数与 7.2 节相同。天线经实物加工，实物图见图 7-24，并通过实际测量来验证仿真结果。图 7-25 为天线仿真和实测 S 参数曲线，在 12～18 GHz 频带范围内反射系数和传输系数均小于 -10 dB，实测结果与仿真结果一致。图 7-26 为天线 H 面方向图的仿真和实测曲线，实际测得天线在 40% 带宽内（12～18 GHz）最大辐射方向从 65°变化到 74°，扫描范围和带宽比仅为 0.225，实现了良好的定波束效果。仿真与实测最大辐射方向和增益如表 7-2 所示。

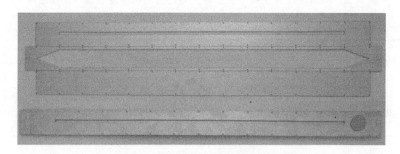

图 7-24　AFSIW 定波束漏波天线实物图

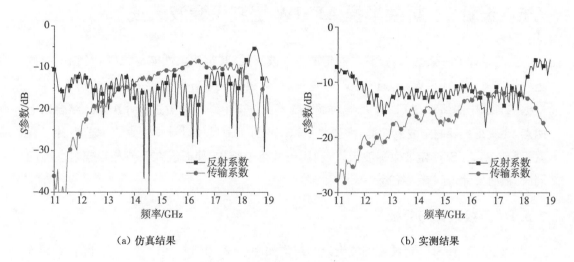

（a）仿真结果　　　　　　　　　　　　（b）实测结果

图 7-25　AFSIW 定波束漏波天线仿真与实测 *S* 参数曲线

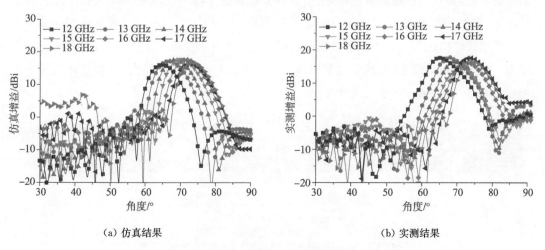

（a）仿真结果　　　　　　　　　　　　（b）实测结果

图 7-26　AFSIW 定波束漏波天线仿真与实测方向图

表 7-2　AFSIW 定波束漏波天线最大辐射方向和增益仿真与实测结果

频率/GHz		12	13	14	15	16	17	18
最大辐射方向	仿真值	65°	67°	68°	70°	72°	73°	73°
	实测值	65°	68°	69°	71°	72°	74°	74°
增益/dB	仿真值	16.04	17.15	17.48	17.68	17.62	16.33	16.71
	实测值	17.58	17.72	16.33	14.50	16.18	17.54	16.29

7.5　设计 3：折叠半模 AFSIW 定波束漏波天线

上节设计了一款基于 AFSIW 的定波束漏波天线，其定波束性能与 AFSIW 结构的截止波长相关，当 AFSIW 的截止波长 λ_c 越长时，天线主波束方向随频率变化的角度越小。根据 7.2 节中的估算，AFSIW 的截止波长 $\lambda_c = 2w_1$，由结构的宽边尺寸决定。结合以上两点，要获得更好的定波束性能，需要将 AFSIW 的宽边尺寸设计得更大。本节设计了一款折叠半模 AFSIW 定波束漏波天线，利用折叠半模结构，使天线在保持相当辐射性能的同时，横向尺寸得到有效缩减。

7.5.1　天线设计与分析

折叠半模 AFSIW 定波束漏波天线的结构如图 7-27 所示。在 7.2 节设计的 AFSIW 结构的基础上，在上层介质板对应贴近空气腔侧壁的位置挖尺寸为 $w_a \times L_a$ 的边置长缝作为辐射口径，并在长缝四周打一圈探针，从而实现折叠半模的定波束漏波天线设计。理想情况下，半模 SIW 能在保持性能的情况下较 SIW 尺寸缩减二分之一。该天线的纵切面为 L 形开放式结构，图 7-28 为折叠半模 AFSIW 漏波天线在 15 GHz 时，纵切面电场矢量分布图。从图中可以看出，电场强度在天线 L 形截面的拐角处达到最大，类似于将传统半模 SIW 结构中 TE_{10} 模进行了 L 形的折叠。

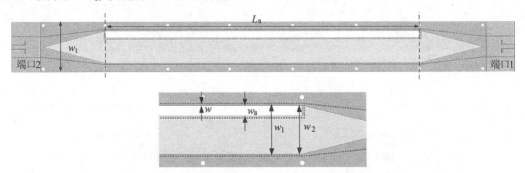

图 7-27　折叠半模 AFSIW 定波束漏波天线结构图

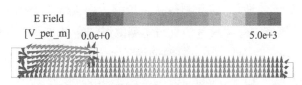

图 7-28　折叠半模 AFSIW 漏波天线纵切面电场矢量分布图(15 GHz)

同样,对如图 7-29 所示的天线切片单元
进行散射参数分析,提取相位常数和衰减常
数。其归一化相位常数曲线如图 7-30 所示,
由图可见,工作频带内该漏波天线归一化相
位常数 β/k_0 的变化幅度平缓,因此该天线波
束扫描角很小。如图 7-31 所示为归一化衰
减常数曲线,对比上一节的设计,本节设计的
折叠半模 AFSIW 漏波天线衰减常数更小。
这印证了半模 SIW 在损耗方面比全模 SIW
更低,并且说明本节的折叠半模 AFSIW 定波
束漏波天线设计在高定向性、高增益方面会更有优势。

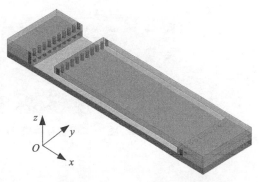

图 7-29　折叠半模 AFSIW 漏波天线切片单元

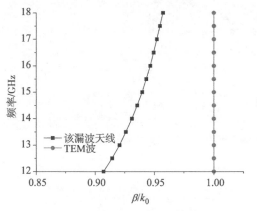

**图 7-30　折叠半模 AFSIW 漏波天线
归一化相位常数曲线**

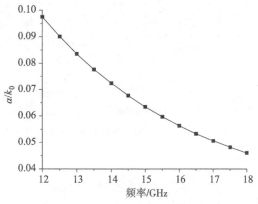

**图 7-31　折叠半模 AFSIW 漏波天线
归一化衰减常数曲线**

7.5.2　天线测试结果与讨论

天线具体参数分析与上节类似,在此不再具体展开。经仿真优化,该折叠半模
AFSIW 漏波天线最终结构参数为 $w_1=17.5$ mm, $w_2=17$ mm, $w_a=4.2$ mm, $L_a=480$ mm, $w_t=27$ mm,其余馈电端与匹配端结构参数与 7.2 节相同。图 7-32 为天线实物
图,天线经实际加工并测量来验证仿真结果。图 7-33 为天线仿真与实测反射系数和传输
系数曲线,在 12~18 GHz 频带范围内,天线反射系数和传输系数均小于-10 dB。天线仿

真与实测方向图如图 7-34 所示,实际测得在工作频带内天线主波束方向仅在 66°～73°范围内变化。天线最大辐射方向和增益仿真与实测的详细结果如表 7-3 所示。

本节所设计的折叠半模 AFSIW 漏波天线空气腔宽边尺寸为 17 mm,对比上节设计的 AFSIW 漏波天线空气腔宽边尺寸 29.5 mm,缩减了 42%,接近 50%。由于采用多层 PCB 板设计,AFSIW 外侧通过尼龙螺钉固定三层介质板,天线整体宽边尺寸从 40 mm 减小为 27 mm,缩减了 32.5%。

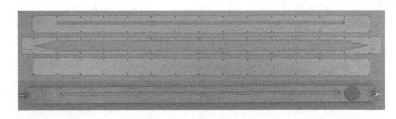

图 7-32　折叠半模 AFSIW 定波束漏波天线实物图

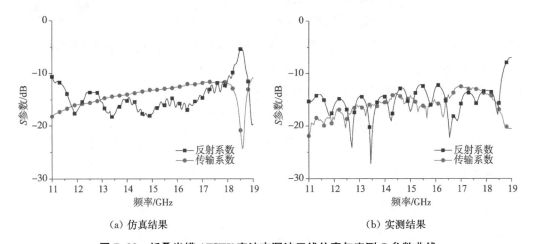

（a）仿真结果　　　　　　　　　　　（b）实测结果

图 7-33　折叠半模 AFSIW 定波束漏波天线仿真与实测 S 参数曲线

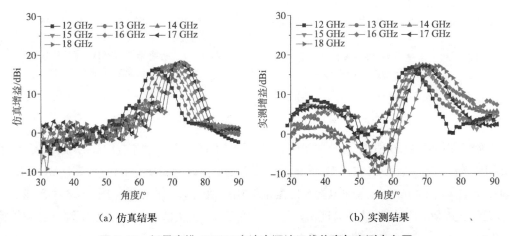

（a）仿真结果　　　　　　　　　　　（b）实测结果

图 7-34　折叠半模 AFSIW 定波束漏波天线仿真与实测方向图

表 7-3 折叠半模 AFSIW 定波束漏波天线最大辐射方向和增益仿真与实测结果

频率/GHz		12	13	14	15	16	17	18
最大辐射方向	仿真值	65°	67°	69°	70°	71°	72°	73°
	实测值	66°	66°	68°	68°	69°	70°	73°
增益/dBi	仿真值	16.37	16.87	17.22	17.48	17.73	18.05	18.14
	实测值	16.86	16.39	17.44	16.77	17.43	17.11	17.12

参考文献

[1] Deslandes D, Wu K. Single-substrate integration technique of planar circuits and waveguide filters [J]. IEEE Transactions on Microwave Theory and Techniques, 2003, 51(2): 593-596.

[2] Wu K, Deslandes D, Cassivi Y. The substrate integrated circuits-a new concept for high-frequency electronics and optoelectronics[C]//6th International Conference on Telecommunications in Modern Satellite, Cable and Broadcasting Service, 2003. TELSIKS 2003. Nis, Yugoslavia. IEEE: P-III.

[3] Wu K. Towards system-on-substrate approach for future millimeter-wave and photonic wireless applications[C]//2006 Asia-Pacific Microwave Conference. Yokohama, Japan. IEEE: 1895-1900.

[4] Bozzi M, Georgiadis A, Wu K. Review of substrate-integrated waveguide circuits and antennas[J]. IET Microwaves, Antennas & Propagation, 2011, 5(8): 909.

[5] Ranjkesh N, Shahabadi M. Reduction of dielectric losses in substrate integrated waveguide[J]. Electronics Letters, 2006, 42(21): 1230.

[6] Deslandes D, Bozzi M, Arcioni P, et al. Substrate integrated slab waveguide (SISW) for wideband microwave applications [C]//IEEE MTT-S International Microwave Symposium Digest, 2003. Philadelphia, PA, USA. IEEE: 1103-1106.

[7] Boudreau I, Wu K, Deslandes D. Broadband phase shifter using air holes in substrate integrated waveguide[C]//2011 IEEE MTT-S International Microwave Symposium. Baltimore, MD, USA. IEEE: 1.

[8] Parment F, Ghiotto A, Vuong T P, et al. Air-filled substrate integrated waveguide for low-loss and high power-handling millimeter-wave substrate integrated circuits [J]. IEEE Transactions on Microwave Theory and Techniques, 2015, 63(4): 1228-1238.

[9] Ayres W P, Vartanian P H, Helgesson A L. Propagation in dielectric slab loaded rectangular waveguide[J]. IRE Transactions on Microwave Theory and Techniques, 1958, 6(2): 215-222.

[10] Pozar D M. Microwave engineering[M]. 3rd. Danvers: John Wiley & Sons, 2004.

[11] Hammerstad E, Jensen O. Accurate models for microstrip computer-aided design[C]//1980 IEEE MTT-S International Microwave Symposium Digest. Washington, DC, USA. IEEE: 407-409.

[12] Liang T, Hall S, Heck H, et al. A practical method for modeling PCB transmission lines with conductor surface roughness and wideband dielectric properties [C]//2006 IEEE MTT-S International Microwave Symposium Digest. San Francisco, CA, USA. IEEE: 1780-1783.

［13］Ghassemi N，Boudreau I，Deslandes D，et al. Millimeter-wave broadband transition of substrate integrated waveguide on high-to-low dielectric constant substrates［J］. IEEE Transactions on Components，Packaging and Manufacturing Technology，2013，3(10)：1764-1770.

［14］Montisci G，Musa M，Mazzarella G. Waveguide slot antennas for circularly polarized radiated field ［J］. IEEE Transactions on Antennas and Propagation，2004，52(2)：619-623.

［15］Montisci G. Design of circularly polarized waveguide slot linear arrays［J］. IEEE Transactions on Antennas and Propagation，2006，54(10)：3025-3029.

［16］Karmokar D K，Esselle K P，Bird T S. Wideband microstrip leaky-wave antennas with two symmetrical side beams for simultaneous dual-beam scanning［J］. IEEE Transactions on Antennas and Propagation，2016，64(4)：1262-1269.

［17］Lai Q H，Hong W，Kuai Z Q，et al. Half-mode substrate integrated waveguide transverse slot array antennas［J］. IEEE Transactions on Antennas and Propagation，2009，57(4)：1064-1072.